新民居 中国

为乡村而设计

DESIGN FOR A NEW COUNTRYSIDE HOUSES IN RURAL CHINA

肖世龙　金连生　孙文婧　著

辽宁科学技术出版社
·沈阳·

目录

综述：
“诗意”与“低碳”的中国地方民居

《诗经》是中国最早的诗歌总集，几千年来，一代代的中国人在孩童时代都读到过里面的诗歌。“关关雎鸠，在河之洲。窈窕淑女，君子好逑。”这样的河洲鸟鸣场面，就是中国民居不断追求的生活意境。在《诗经》里，我们不仅能读到古老的文化渊源，也能看到历史的变迁，还能看到辽阔地域的不同自然风物和民居生活。回望历史，很多人羡慕那些住在中国各地的古人们，由于山川自然和人文环境的不同，他们居住在各式各样的民居里面，过着和天地相依、悠然自得的日子。

勤劳智慧的中国人是优秀民居的缔造者。在各种自然灾害和恶劣条件下，他们不断总结经验，在困难与抗争中成长。中国民居的核心哲学——天人合一就源于“靠天吃饭”的早期人类对大自然的依赖，在诸子百家学说中均有反映。 世事变化如浮云，山、水、天、地却是相对恒定的自然物。古人常常把自己的情感、寻找与感知寄托于山水自然。古代的住宅塑造了一方物质的世界，也建构起追求恒久不变的精神世界。

如果说古代的中国民居是对“天”和“地”的应对，那么现代的中国新民居就是对“人”的关怀。下面先谈谈中国十大传统地方民居，再说说中国新民居发展的四大理由。

中国十大传统地方民居

1. 历史悠久的四合院

四合院历史悠久，早在 3000 多年前的西周时期就有完整的四合院出现。陕西岐山凤雏村周原遗址出土的两进院落建筑遗迹，是中国已知最早、最严整的四合院实例。

汉代四合院建筑有了更新的发展，受到风水学说的影响，四合院从选址到布局，有了一整套阴阳五行的说法。唐代四合院上承两汉，下启宋元，其格局是前窄后方。

早期主流四合院的架构是廊院式的，即院子中轴线位置上的为主体建筑，周围为回廊连接，或左右有屋，而非四面建房。晚唐出现具有廊庑的四合院，逐渐取代了廊院，宋朝以后，廊院逐渐减少，到明清逐渐绝迹。

元明清时期四合院逐渐成熟。元世祖忽必烈“诏旧城居民之过京城老，以赀高（有钱人）及居职（在朝廷供职）者为先，乃定制以地八亩为一分”，给前往大都的富商、官员建造住宅，由此开启了北京传统四合院住宅大规模形成时期。

1949 年后，北京的很多四合院沦为了大杂院。到了 20 世纪 80 年代，随着城市改造的开展，很多传统四合院被拆毁，如 1998 年拆除康有为的粤东新馆，2000 年拆除赵紫宸故居，2004 年拆除孟端胡同 45 号的清代果郡王府，2005 年拆除曹雪芹故居，2006 年拆除唐绍仪故居。与此同时，也有一些四合院被列入北京市和各区县级的保护院落。

在古代，四合院基本上满足了一家人生活的需要，那时两进四合院以及更大的四合院通常是官宦和士绅的住所。而到了现代，一方面上下水、暖气等卫生设施没有进入四合院，沦为大杂院的四合院也未继续改进，以适应汽车、空调等设备的需要，另一方面像四世同堂那样的大家庭也比较少见，有钱的人家通常愿意在交通方便的郊外购置别墅，而不愿生活在人口密度较高的市区。因此作为民居的四合院是否还存在价值，也是近代以来一个争论的问题。

正式的四合院，一户一宅，平面格局可大可小。房屋主人可以根据土地面积的大小、家中人数的多少来建造，小到可以只有一进，大到可以三进或四进，还可以建成两个四合院宽的跨院。大四合院从外边用墙包围，墙壁高大，不开窗户，以显示其隐秘性。从制式上来说，许多王府和寺庙也是按照四合院的布局进行设计和建造的。

最小的一进院，进了街门直接就是院子，以中轴线贯穿，房屋都是单层，由倒座房、正房、厢房围成院落，其中北房为正房，东西两个方向的房屋为厢房，南房门向北开，故称为“倒座房”。四合院中种植花果树木，以供观赏。

完整的四合院为三进院落，第一进院是垂花门之前倒座房所居的窄院，第二进院由厢房、正房、游廊组成，正房和厢房旁还可加耳房，第三进院为正房后的后罩房，在正房东侧耳房开一道门，连通第二和第三进院。在整个院落中，老人住北房（上房），中间为大客厅（中堂间），长子住东厢，次子住西厢，佣人住倒座房，女儿住后院，互不影响。这其中也有反映“男外女内”的中国传统文化哲学。

四、五进院的组合方式为大型四合院，通常为前堂后寝式。在第二进院之后再设一道垂花门，垂花门之后才是自家的主院，做到内外有别。

北京四合院最大的进深为两个胡同之间的距离，约 77 米，一些比较奢华的院落甚至还有花园和假山。规格高一些的四合院还设有厕所，这些内设的厕所一般都被安排到西南角，按风水的说法，西南为“五鬼之地”，建厕所可以用秽物将白虎镇住，从实用的角度看，厕所建在西南方适应了西北一东南风向，可防臭味在院内扩散。

2. 深邃富丽的晋中大院

晋中大院也叫山西大院，是中国北方民居建筑中的典范。在民间有“北在山西，南在安徽”之说，可见晋中大院在中国民居中的地位。皖南民居以朴实清新而闻名，晋中大院则以深邃富丽著称。在山西，元明清时期的古代民居现存有近 1300 处，其中最精彩的部分，当数集中分布在晋中一带的晋商豪宅大院。建筑外形雄伟，细部精雕细刻，匠心独具，兼具南北建筑文化的精髓。这里的建筑群将木雕、砖雕、石雕陈于一院，绘画、书法、诗文熔为一炉，人物、禽兽、花木汇成一体，姿态纷呈，各具特色，是北方地区民居中的一颗璀璨明珠。

晋中大院中最知名的，要数乔家大院了。它是改革开放后最早修复开放的一座晋商大院，更因为张艺谋导演的电影《大红灯笼高高挂》而蜚声海内外，几乎成为晋商大院形象的代表，甚至连许多从未到过山西的外地人都知道：“皇家看故宫，民宅看乔家。”

乔家大院始建于清代，历经 3 次大规模的兴建、扩建才成为今日的格局，时间跨度长达 160 余年。它占地 8724 平方米，建筑面积 3870 平方米，分为 6 个大院，内套 20 个小院，共 313 间房屋，整个大院的平面布局为双喜字造型，又称在中堂。大院的外形如城堡，三面临街，四周以三丈高的砖墙封闭。大院内有一条 80 米长的甬道，甬道尽头是乔家祠堂。甬道南北各有 3 个大院，北面 3 个大院从东往西依次为老院、西北院、书房院，南面依次为东南院、西南院、新院。

乔家大院的最后一次扩建是在“民国”十年，由乔家第三代掌门乔映霞主持修建新院并改建西北院。乔映霞为乔家创始人乔致庸长孙，人称成义财主。他思想进步，信奉天主教，仰慕西方文明。受影视剧和传统思维的影响，人们往往以为这座古朴宅院里的少爷小姐们身穿着传统绣衣玩着古老的游戏，而事实上，到乔映霞掌家的时候，乔家子弟们已经穿着西式服装打网球了。正因为如此，乔家大院的最后一次扩建，体现出“中学为体，西学为用”的色彩。新院的风格不变，但窗户全部换成大格玻璃，配以西式装饰，屋檐下的真金彩绘，也在原来的“麻姑献寿”“满床笏”等传统创作内容中，加入铁道、火车等新事物。在西北院的改建中，更是按西式风格装修客厅，增设浴室和西式厕所。

乔家大院的历史变迁，记载了晋中大院建筑文化的发展历程。建筑表述了文字语言无法企及的文化内涵，是器物、制度和观念三层文化的集中体现。每一座晋中大院，都在讲述晋商的家族故事。

晋中大院为何可以违反民间造房的制度，建造得如此雄伟？确切地讲，清初以来实行捐纳后，积累了相当财富的富有者阶层为清廷解除困难的同时，也为自己创造了更宽松的环境。商民捐得官职，便名正言顺心安理得地造房修宅摆排场。现存的晋中大院，绝大多数是清中叶以来兴建的。山西票号兴起后，晋中大院的规模上了一个新的档次。同治年间平遥票号财东侯殿元修建 7 间 7 檩的豪华住宅兼商号，被视作对皇权的挑战，此后侯某因其修建豪华宅第而获罪。我们今天看到的晋中大院，正堂最多不过 5 间，然而大院主人想办法在 5 间或 3 间的基地上，向高空发展，修建 2 层以上的广厦，构成中国封建社会末期一道特别的人文景观。保存完好且形成相当规模的晋中祁县乔家、祁县渠家、太谷曹家、灵石王家 4 个大院，以及榆次车辋村未修复的常家一条街，正房都不超过 5 间，楼高 2 至 4 层不等，就是对这种建筑制度的诠释。

晋中大院占地面积成千上万平方米，院落建筑如城堡般坚固，楼高院深，墙厚基宽，防御性极强，有人归纳为这样几个特点。一是外墙高，从宅院外面看，砖砌的、不开窗户的实墙有四五层楼那么高，有很强的防御性。二是主要房屋都是单坡顶，无论是厢房还是正房，是楼房还是平房，双坡顶不多。由于都采用单坡项，因此外墙高大，雨水都向院子里流，也就是“肥水不外流”。三是院落多为东西窄、南北长的长方形，院门多开在东南角。现对外开放的几个大院也仅仅是当年规模的一部分，比如渠家当年的宅院就占据了祁县的半个县城，规模之宏大令今人折服。

大院的总体布局，充满了民间吉庆祥和的气氛，表达了人们对美好生活的憧憬向往之情。乔家大院布局为一个完整又工整的双“喜”字，欢悦祥和尽在其中；王家大院巧妙地将其姓氏和前辈对子孙加官晋爵的热望寄托其中，以其内部相通之甬道呈现“王”字格局；而太谷三多堂则将多子、多福、多寿的民俗注入其中，院落呈“寿”字结构。中国传统文化积淀无处不在。以灵石王家来说，将建筑物布置成一个“王”字，符合天人感应、天人合一理论。

3. 依山傍水的徽州民居

徽州民居，是中国传统民居建筑的一个重要流派，也称徽派民居，是中国民居中实用性与艺术性的完美统一。古徽州，指的是今安徽黄山市、绩溪县及江西婺源县。古徽州下设黟县、歙县、休宁、祁门、绩溪、婺源六县。自秦建制两千多年以来，悠久的历史沉淀，加上北亚热带湿润的季风气候，还有在这块“天然公园”里生活的人们以自己的聪明才智，创造了独树一帜的徽派民居建筑风格。

徽州民居建筑之所以享誉海内外，自成一派。一方面是由于保留完整、风格统一、造型多样、形式艺术；另一方面是由于它有着十分丰富的历史文化内涵。徽州人崇尚自然美，追求人与自然高度的和谐统一，使徽州建筑与山水风物并存。

徽州民居利用山地“高低向背异、阴晴众豁殊”的环境，以阴阳五行为指导，千方百计去选择风水宝地，选址建村，以求上天赐福，衣食充盈，子孙昌盛。在古徽州，几乎每个村落都有一定的风水依据。或依山势，扼山麓、山坞、山隘之咽喉；或傍水而居，抱河曲，依渡口、岔流之要冲。徽州民居的村落选址、布局和建筑形态，都以《周易》风水理论为指导，体现了天人合一的中国传统哲学思想和对大自然的向往与尊重。那些典雅的明、清民居建筑群与大自然紧密相融，创造出一个既合乎科学，又富有情趣的生活居住环境，是中国传统民居的精髓。村落独特的水系是实用与美学相结合的水利工程典范，深刻体现了人类利用自然、改造自然的卓越智慧。徽州民居“布局之工，结构之巧，装饰之美，营造之精，文化内涵之深”，为国内古民居建筑群所罕见。

徽州民居建筑遵循儒家严格的等级制度，以及尊卑有别、男女有别、长幼有序的封建道德观规划与设计，在许多民居的细节上，表现得也十分明显。民居大都依山傍水，山可以挡风，方便取柴烧火做饭取暖，又给人以美感。村落建于水旁，既可以方便饮用、洗涤，又可以灌溉农田、美化环境。在秀色可餐的风景中，袅袅炊烟，粉墙黛瓦的徽州民居散落其间，正是中国主流山水画喜爱表现的艺术佳境。

这种村落的规划布局节约土地，便于防火、防盗、防潮，使各家严格划分。房子的白墙灰瓦，在青山绿水中十分美观。徽州民居的天井，可通风透光，四水归堂，又体现了肥水不流外人田的朴素心理。

4. 尊礼循礼的浙江民居

浙江传统民居多依山坡河畔建造，既可适应复杂的自然地形，节约耕地，又可创造良好的居住环境。民居根据气候特点和生产、生活的需要，普遍采用合院、敞厅、 天井、通廊等形式，使内外空间既有联系又有分隔，构成开敞通透的布局，在形体上合理运用材料、结构以及一些艺术加工手法，给人一种朴素自然的感觉。

宗法制度是中国封建社会的重要支柱，渗透到我国封建社会各个领域，并在社会组织的形成、生活领域的确立，以及人们的思想意识等方方面面影响人们的生活。浙江传统村落就是一个典型的血缘宗族相聚而居的结合体。尊礼、循礼的观念直接反映在民居建筑中，《宋史》

记载越中“弦诵之声，比屋相闻，无间城乡，无分苦乐，咸礼让而循，宛当年之邹鲁”。精神物化下的绍兴传统民居建筑因此而循规蹈矩，不敢越雷池一步。

以金衢地区的民居为例，此地多采用三合院式的楼居，正是为满足这种“长幼有序”“男女有别”的位序要求。司马光《涑水家仪》中严格规定：“凡为宫室，必辨内外，深宫固门。”富家大户人口众多，主管、 用人、雇工一应俱全，为严防内外，三进二明堂的大宅在正厅后侧设高墙，开小门，固深院，女眷、小姐深居后楼，平时家中小姐外出，须有父辈兄长陪伴，只有在少数几个重要节日如春节或看戏时，女眷才能外出。生活所需均由用人送入。在一幢独立的民居中，堂前以较大的空间作为家庭生活的中心。堂前内通常供奉祖宗神像牌位，平日在此祭祖、宴宾、聚会，家长拥有绝对的权威。 主仆“尊卑有分”“贵贱有定”的封建等级制在许多地方的民居中表现得十分清楚，如在民居建筑的后部，在房与后院间设一小门作为沟通内外部联系的通道，这样下人就不用从大门出入，而同时又可达到侍奉主人的目的。浙江古村落是以传统农业为主的聚落，财富主要源自土地，因此，大部分住宅规模很小，多见一户一个小小的三合院；而那些出仕做官或经商致富者的住宅，往往建成中、大型建筑群，其拥有的社会地位、经济能力相当显赫。

早在 7000 年前，浙江本地的先民河姆渡人就有了木结构的干栏式建筑。同其他地区的民居建筑一样，浙江民居的制作与风格既是从它依附的独特地理和气候中派生出来的，又是居住于其中的人们的文化创造。浙江民居，就像是一首成熟农业文明所凝固的奏鸣曲。它全部的旋律都回响着一个正在逝去的田园之梦——美丽、温馨，不乏自然天籁的意趣。

有人说中国人并没有一种专门的宗教生活，然而在他们生活中的许多方面，又有着宗教的色彩。 造房子要看风水，认为房子的地势、方位、高矮及同周围山水形成的关系，都可能影响到未来房屋主人的吉凶祸福和家庭的兴衰。卜居是一生中的大事，因而“不盖房，不买田，一生一世未做人”这句俗语，至今仍然流传在浙江农村。

浙江大部分地区的传统民居都是木结构的，因此木结构的保护和防火就成了大问题。从造房子的那天起，人们就期望日后房屋坚固，免遭虫蛀、火烧。因此人们选择在良辰吉日开工上梁，经历重要的仪式感，是民居盖房的必要手续。浙江民居普遍都用马头墙，以防火势蔓延；还有些大型民居内外布置水塘，为消防提供方便。 屋脊大量地运用象征主义的手法，用鱼、草等水生动植物做装饰；梁枋被雕刻成翻卷的波浪，好像整座房子都被水覆盖。 历次火灾给人们留下深刻的印象，一点火星能败倒一户世代簪缨之家，一把火能毁灭半座城池。因此，砖木结构的建筑最怕就是火。 浙江民居在所有醒目的部位和构件上都以水作为装饰主题，就是提醒居民时刻留心，以免失慎。防火已成为生活的基本常识。那唱绍兴莲花落的，开场白中提醒人们的第一件大事就是“当心着火”。

5. 雄浑壮美的西北窑洞

窑洞主要分布在中国西北地区，这种穴居式民居的历史可以追溯到 4000 多年前。

窑洞建筑最大的特点就是冬暖夏凉。传统的窑洞空间从外观上看是圆拱形，虽然外表看起来很普通，但是在单调的黄土为背景的情况下，圆弧形更显得轻巧而活泼。这种源自自然的形式，体现了传统思想里天圆地方的理念，门洞处高高的圆拱可以给室内加上高窗，在冬天的时候可以使阳光进一步深入窑洞的内侧，从而充分利用太阳辐射热，而内部空间也是拱形的，加大了内部竖向空间的高度，使人们感觉开敞舒适。

窑洞分布广泛，主要在新疆吐鲁番、喀什，甘肃兰州、敦煌、平凉、庆阳、甘南，宁夏银川、固原，陕西乾县、延安，山西临汾、浮山、平陆、太原，河南郑州、洛阳，福建龙岩、永定和广东梅县等地区。陕西省的窑洞主要分布在陕北，指陕西省延安、榆林等地的窑洞式住宅。它沿黄土高原而建，是天然黄土中的穴居形式，因其具有冬暖夏凉、不破坏生态、不占用良田、经济省钱等优点，被当地人民群众广泛采用。

窑洞一般有靠山式窑洞、下沉式窑洞、独立式窑洞等多种形式。靠山式窑洞最为常见，它建在山坡、土塬的边缘处，常依山向上呈现数级台阶式分布，下层窑顶为上层前庭，视野开阔。下沉式窑洞则是就地挖一个方形地坑，再在内壁挖窑洞，形成一个地下四合院。

“建筑是凝固的音乐，音乐是流动的建筑。”作为地下空间生土建筑类型的窑洞，其建筑艺术特征与一般建筑大异其趣。窑洞建筑是一个系列组合。窑洞的载体是院落，院落的载体是村落，村落的载体是山川和黄土大自然。所以窑洞建筑的造型艺术特色从宏观到微观，均有着“田园风光”的情趣，将建筑的单调与丰富多彩的自然风景融为一体。窑洞聚落或以院落为单元，沿地形变化，随山势，成群、成堆、成线地镶嵌于山间，在构图上形成台阶型空间，给人以雄浑的壮美感受。

6. 自然生态的蒙古包

蒙古包是草原上牧民的民居，它不同于中国古代江南的园林建筑和宫殿建筑，与现代的房屋建筑更有天壤之别。蒙古包的产生与发展让我们看到了游牧民族的生存智慧，它是草原文化的象征。

建筑反映当地的科技水平。蒙古包是北方游牧民族处理人、畜和自然三者关系的产物。蒙古包独特的结构、材料、形状，与蒙古族人放牧和经常迁徙的生活习惯密不可分。蒙古包由门、哈纳（墙）、奥尼（椽子）、圆形天窗四部分组成。门用木材制作，哈纳是由细木杆编制成的菱形网片，外围是用毡子做的圆形围壁，还有柳木椽子、皮绳和鬃绳。

相比其他民居，建造蒙古包是一项快捷而简便的工作。在架设前一般选好地形，找个水草适宜的地方，根据包的大小先画一个圆圈，然后沿着画好的圆圈将预先编制的木条方格架好，在包顶顶部再架上固定的天窗支架，一般顶高约 4 米，周边高约 2 米，门大多向东或东南开，外部和顶部均由轻质沙柳做成骨架，屋顶以奥尼为中心，绑扎细椽子（乌乃），呈活动伞盖式，用驼绳绑扎固定，蒙古包的圆形围壁就造好了。圆顶陶敖直径为 1.5 米，上饰美丽的花纹。包顶外形均是圆锥体，通常用一层或多层毛毡或帆布覆盖，用一块矩形毛毡把陶敖覆盖，以过夜或防雨雪。将哈纳和乌乃按圆形衔接在一起绑好，然后搭上毛毡，用毛绳系牢，便大功告成。两三个人可以在一两个小时内就搭建或拆除一个蒙古包。

蒙古包是方便搬迁的住房，在长期的生产、生活中被人们逐渐标准化。直至清代，当地的农垦业代替游牧业，牧民们的生活被安顿下来，蒙古包才逐渐减少。

此外，千百年来，蒙古包与草原文化逐步形成相互依存的关系，它不仅是可以遮风避雨的草原民居，更是被寄托了人文情怀的草原精神。

蒙古包的结构反映蒙古族人的宇宙观。在茫茫的草原上，“四周是天地相连的地平线，天地既有距离又相交，还能容纳人类及世间万物于其间，极易产生‘天圆地方’的想法”。这是他们产生的最朴素的宇宙观念，这种观念反映在民居上，所以，圆形的围墙和天窗的结构是对天地的模仿。

游牧民族早期信仰萨满教，萨满教的盖天说认为“天似穹庐”——那苍苍的青天，像穹庐一样，笼盖在四方原野之上。这可以说是最直观、最朴素的宇宙观念。穹庐就是古代游牧民族所认识的宇宙模型。

蒙古包与生命的联系异常紧密。由于不同蒙古包间相距甚远，蒙古包就是人们生活的重心，生命存在的依靠。所以，蒙古人把蒙古包的组成部分看作是人的生命器官：门对应咽喉，灶火对应心脏，天窗对应头。于是才会有门槛不可踩踏，灶火置于包内中央等习俗和规则。

7. 雄伟壮观的西藏碉楼

中国西藏碉楼民居一般建在山顶或河边，以毛石砌筑墙体。它以防御功能为主，房屋像碉堡的坚实块体，常为三层，首层用于贮藏及饲养牲畜，二至三层为居室，设平台及经堂，经堂是最神圣的地方，设在顶屋。由于少雨，屋檐的木结构以石片及石块压边。

大型的西藏民居常常被建造成可以瞭望的碉楼，厨房和厕所也单独设置。厨房顶上有出气孔，厕所有时架高或悬空，以便粪落下后收集积肥，做饭及取暖的燃料是牛粪。藏居的外观特征是在厚实的石块墙体上面挑出的木结构——平顶的挑廊。

碉楼最出名的地方是四川甘孜州丹巴县。古碉以泥土和石块建造而成，外形美观，墙体坚实。古碉大多与民居寨楼相依相连，也有单独筑立于平地、山谷之中的。古碉的外形，一般为高大方柱体：常有四角、五角到八角的，少数多达十三角。高度一般不低于 10 米，多在 30 米左右，高者可达 50 至 60 米。其碉楼形状各异，层高六至十层，碉基结实，基宽越高越窄，碉体用片石砌成，砌艺精湛。这种碉楼是丹巴独具特色的建筑，主要集中在河谷两岸。或三五个一群，或独立于山头，碉与碉之间相互呼应，依山成势；在碉楼集中的地方一眼望去，数十座碉楼连绵起伏形成蔚为壮观的碉楼群。在众多碉楼群落中，尤以梭坡乡境内的碉楼群最具特点。

8. 依山就势的湘西吊脚楼

湘西吊脚楼，并不仅仅在湘西地区出现。它属于古代干栏式建筑，体量较大，底层架空，上层铺木板。这种建筑形式主要分布在南方，特别是长江流域地区以及山区。这些地域多水多雨，空气和地层湿度大，由于干栏式建筑底层架空，对防潮和通风极为有利。

在广西、贵州、湖南、四川等省份，湘西吊脚楼是山乡少数民族如苗族、侗族、壮族、布依族、土家族等的传统民居样式。尤其在黔东南，苗族、侗族建造的湘西吊脚楼极为常见。这里的自然条件号称“天无三日晴，地无三里平”，于是山区先民创造出了独特的湘西吊脚楼。

湘西吊脚楼的建筑框架完全采用木材、榫卯接合的方式建成。所谓“脚”，其实是几根支撑楼房的粗大木桩。建在水边的湘西吊脚楼，伸出两只长长的前“脚”，深深地插在江水里，与搭在岸上的另一边墙基共同支撑起一栋栋楼房。在山腰上，湘西吊脚楼的前两只“脚”则稳稳地顶在低处，与另一边的墙基共同把楼房支撑平衡。也有一些建在平地上的湘西吊脚楼，那是由几根长短一样的木桩把楼房从地面上支撑起来。木楼的地板高于室外地面 60 厘米左右，有时悬空达 1 米。这样使木楼底部通风，从而可保持室内地面干燥，防避毒蛇猛兽的侵扰。

湘西吊脚楼分两层或多层，下层多开敞，作为牛、猪等牲畜棚及储存农具与杂物。上层为客厅与卧室，四周伸出挑廊，上层前半部光线充足，主人可以在廊里做活和休息。这些廊的柱子有的不着地，以便人畜在下面通行，廊的重量完全靠挑出的木梁承受。湘西吊脚楼外观美丽，灵巧别致，凌空欲飞。住起来舒适，干爽透气，通风采光好。它的建筑艺术体现了“地不平我身平”的观念。

湘西吊脚楼常三面设有走廊，悬出木质栏杆。栏杆上雕有万字塔、喜子格、亚字格、四方格等象征吉祥如意的图案。悬柱有八棱形、四方形，底端常雕绣球、金爪等各种形体。湘西吊脚楼上下地面均铺楼板，楼上开有窗户，通风向阳。窗棂刻有双凤朝阳、喜鹊嗓梅、狮子滚球以及牡丹、茶花、菊花等各种花草，古朴雅秀，既美观又实用，很有民族住房的特色。

它的建筑材料以当地的杉木为主。杉木是中国特有的和重要的速生树种之一，分布在淮河及秦岭以南地区。杉木树体高大，纹理通直，结构细致，材质轻软，加工容易，不翘不裂，耐腐防虫，耐磨性强，而且具有芳香气味，有木中之王的美称，为中国重要的建筑用材和家具用材。因为杉木的这些优点，被广泛用于湘西吊脚楼的建筑构架、围板、栏杆、地板、门窗和雕刻，具有较强的装饰效果。

除了屋顶盖瓦以外，吊脚楼上上下下全部用杉木建造。屋柱用大杉木凿眼，柱与柱之间用大小不一的杉木斜穿套连在一起，即使不用一个铁钉也十分坚固。房子四周还有吊楼，楼檐翘角上翻，如展翼欲飞。墙壁是用杉木板开槽密镶的木板墙，讲究的民居在里里外外都涂上桐油，又干净又亮堂。

湘西吊脚楼有着丰厚的文化内涵，除具有民居建筑注重龙脉、依势而建和人神共处的神化现象外，空间的宇宙观念也十分独特。土家族上梁仪式的歌中是这样唱的：“上一步，望宝梁，一轮太极在中央，一元行始呈瑞祥。上二步，喜洋洋，‘乾坤’二字在两旁，‘日月，成双永世享……”这里的“乾坤”“日月”代表宇宙。从某种意义上来说，吊脚楼在其主观上与宇宙变得更接近、更亲密，从而使房屋、人与宇宙浑然一体，密不可分。

9. 御外凝内的客家土楼

客家土楼也称福建土楼，是主要分布在中国闽西南地区的大型夯土楼房。福建土楼是世界独一无二的大型民居形式，主要出现在漳州市南靖县、平和县、华安县、诏安县和龙岩市永定区。客家土楼被称为中国传统民居的瑰宝，2008 年被正式列入世界文化遗产名录。

客家土楼是世界民居中一朵罕见的奇葩。福建省龙岩市永定区和漳州市南靖县内的客家土楼最具规模，造型也最为壮观，每年参观到访者络绎不绝，常常作为土楼的代表出现在各种媒体宣传的影像资料中。

据统计，永定区境内的土楼有 8000 余座，而其中圆形的只有 360 座，其余主要为方形土楼。由于方形土楼具有方向性，四角较阴暗，通风采光有别，所以客家人又设计出通风采光良好的、既无开头又无结尾的圆形土楼。圆形土楼的外形最为震撼，最大的圆形土楼顺裕楼直径 86 米，最小的圆形土楼是洪坑村的如升楼，直径 17 米，体量相差悬殊。

最古老的客家土楼是高头乡高北村的承启楼，建于 1709 年，直径 73 米，楼内最多曾居住 80 余户，有 600 多人。最富丽堂皇的、最有代表性的是洪坑村振成楼。土楼中有丰富的生活配套用房，可以堆积粮食，饲养牲畜。有水井，若需御敌，只需将大门一关，几名青壮年守护大门，土楼则像坚强的大堡垒，妇孺老幼尽可高枕无忧。

客家人建造土楼，就地取材，用当地的黏沙土混合夯筑，墙中每 10 厘米厚的土层中便加入一层布满竹板式木条的内龙骨，起到拉结和加固的作用，施工方便，造价便宜。土楼群的奇迹，充分体现了客家人的集体力量与高超智慧，同时也闪耀着中华民族优秀文化的光彩。

客家土楼的外观既可以与古罗马雄伟的竞技场相媲美，又让人怀疑许多现代体育馆的设计是不是受了它的影响。由于土楼独特的造型，庞大的气势及防潮抗震等优势被誉为世界上独一无二的、神话般的民居建筑。

从历史学及建筑学的研究来看，土楼的建筑方式是出于族群安全而采取的一种自卫式的居住样式。唐宋时期在外有倭寇入侵，内有连年战争的情势之下，举族迁移的客家人不远千里来到他乡，土楼是他们的最佳居住选择。它是经历了各种历史事件，不断被优化而发展至今的建筑形式，作为既有利于家族团聚，又能防御战争的建筑方式被采纳下来。同一个祖先的子孙们在一幢土楼里形成一个独立的社会，共存共荣，共亡共辱。所以御外凝内大概是土楼最恰当的功能归纳。

圆形土楼是当地土楼群中最具特色的建筑，一般它以一个圆心出发，依不同的半径，一层层向外展开，如同湖中的水波，环环相套，非常壮观。其最中心处为家族祠院，向外依次为祖堂、围廊，最外一环住人。整个土楼房间大小一致，面积约 10 平方米左右，使用共同的楼梯，各家几乎无秘密可言。

土楼结构有许多种类型，其中一种是内部有上、中、下三堂沿中心轴线纵深排列的三堂制。在这样的土楼内，一般下堂为出入口，放在最前边；中堂居于中心，是家族聚会、迎宾待客的地方；上堂居于最里边，是供奉祖先牌位的地方。

除了结构上的独特之处外，土楼内部窗台、门廊、檐角等也极尽华丽精巧，实为中国民居建筑中的奇葩。

10. 通风防潮的傣家竹楼

傣家竹楼是云南傣族人的民居。主楼下层高七八尺（1 尺 =33.33 厘米），四无遮拦，上层近梯处有一露台，转进为长形大房，用竹篱隔出主人卧室和重要物品、钱物的存储处，其余为一大敞间，屋顶高耸，两边倾斜，屋檐及至天花板，一般无窗。若屋檐稍高，则两侧开有小窗，后面开一门。屋顶用茅草铺盖，梁柱、门窗、楼板全部用竹制成。建筑极为便易，只需伐来大竹，约集邻里相帮，数日间便可造成。但主楼易腐，每年雨季后须加以修补。

傣家竹楼主要分为两种：官家竹楼与百姓竹楼。因傣族人主要生活在亚热带地区，所以至今还保留着祖先的习惯——“多起竹楼，傍水而居”。

傣家竹楼大都各自独立，四周有空地，自成院落。在每一家屋内将一大间隔为三小间，分出卧室和厅堂。建筑完全是竹楼木架，上层住人，下栖牲畜。土司的住宅，多不用竹，而以木建，式样仍似竹楼，但外形高大，不铺茅草，而改用瓦来盖顶。在云南西双版纳，傣族人自己就能烧瓦。瓦如鱼鳞，三寸见方，厚度仅二三分。每一方瓦上有一钩，先在屋顶椽子上横钉竹条，每条间隔两寸（1 寸 =3.33 厘米）许，再将瓦挂在竹条上，如鱼鳞状，不再加灰固定。因此屋顶是不能攀登的，以防被踩踏而破损。若要更换，只需在椽子下伸手将破瓦摘下，再将新瓦勾上即可。在古代，凡能住瓦房竹楼的，便算是村中的大户了，就是车里宣慰衙门，建筑式样也不过如此。只是官家竹楼的面积比一般傣族民间的木楼大得多，全楼用 120 棵大木柱架成，长十余丈（1 丈 = 3.33 米），阔七八丈，楼上隔为大小若干间屋，四周有走廊。楼下空无遮拦，只见整齐的 120 根大木柱排列着，任牛马猪鸡自由地在其中活动，这就是最高统治者的官衙兼住宅了。

上面住人、下面养牛马的屋子，在西南边区中比较普遍，例如哈尼、景颇、傈僳，以至苗、瑶、黎诸，住屋建筑都如此式，只是其他民族的民居下层多用大石或泥土筑为墙壁。傣族的竹楼，则是下层四面空旷。每天清晨当牛马出栏时，人们将粪便清除，让阳光照射。这样住在上层的人，不致被秽气熏蒸。

傣家竹楼通风很好，冬暖夏凉。屋里的家具例如桌、椅、床、箱、笼、筐，全都是用竹制成的。家家有简单的被和帐，偶然也见有缅甸进口的毛毡、铅铁等器物，农具和锅刀都仅有用着的一套，少见有多余者，陶制具也很普遍，水盂水缸的形式花纹都具地方色彩。由于天气湿热，傣家人的竹楼大都依山傍水。村外榕树蔽天，气根低垂；村内竹楼鳞次栉比，竹篱环绕，隐蔽在绿荫丛中。

1949 后，多数傣家竹楼已改为木楼或竹木结构的楼房，茅草盖顶已改为木板盖顶或瓦顶。掌房周围要装木栏杆，可以凭栏眺望小园幽径，楼房开玻璃窗，悬挂美丽的窗帘给古老的竹楼抹上现代的色彩，又别有一番情趣。

说完传统民居，简要讲讲本书涉及的新民居。它们在舒适性和建筑技术方面都有很大的进步，这要得益于工业革命后近 200 年里生产力的快速发展。工业革命后，全球各地大都用水泥、钢材和玻璃建造房子，机械施工代替了手工建造，还有电气照明、空调、电梯、市政上下水，以及网络和智能化布线等各种现代设备被应用和安装在民居里，让人们的生活条件得到很大改善。

但同时，人们也发现，城市之间变得越来越相像，千城一面，需要给每座建筑编号加以区别……因为标准化的设计、建造带来的是外形相同的方盒子，是没有更多新意的居所。人们开始怀念家乡，有了“乡愁”。进入 21 世纪，人们有了新的审美力，民居自带诗意环境、多样的花木和园林。中国推行的魅力乡村建设，以及全球气候危机下的“低碳”原则，都成为当代民居可持续发展的新方向。

中国新民居发展的四大理由

1. 描绘美丽如画的乡村

记得第一次在互联网媒体上看到杭州富阳东梓关回迁农居的照片，还以为那是一副泼墨的中国山水画。在一片绿色稻田的映衬下，是白墙黑瓦的江南民居。那深灰色的瓦顶屋面与白色大面积实墙形成了强烈的白与灰、线与面的色调对比和构图平衡关系，门窗和墙面的位置及比例关系是非常经得起推敲的美学安排。然而，通过仔细考量才会发现，传统聚落丰富形式的背后具有相似的空间原型。这个项目面对的就是一个非常典型的江南村落，是最普通的中国农民的回迁房。在控制造价、降低建造和后期围护难度的设计考量上，设计师在如何适应新农村生活的设计上做出了相当大的努力。最终的方案运用类型学的思考角度，参照农村院落空间的原型，尝试用一大一小两种基本单元，组合形成变化万千的村落意象。

2. 适应家庭人口结构的新变化

在上海市郊的奉贤南宋村，有这样一座结合了城乡两处、一家 4 代人的乡建新民居——它是设计师张雷为业主老宋一家 8 口人量身定制的一座 200 多平方米的农村民居的重建项目。把破旧的农村民房拆除后，在原址上创新，盖一座定制的民居，以适应居住人口变动的需要。

房屋现在的居住情况是将老宋一家 4 代 8 口人对未来田园生活的美好想象和热切期盼经过设计整而合成的——

常住的 5 人：委托人老宋夫妻（50 多岁）、老宋的老母亲（80 多岁农妇）、老宋亲家夫妻（60 多岁）。周末节假日回家的 3 人：老宋的女儿女婿（30 多岁）和外孙女（5 岁左右）。

房子的外形并无特别之处，但在内部，每个空间在布局和连通方式的设计上都经过了仔细的打磨。比如，卧室之间按照亲疏远近设置的特别联系，增设供老人洗澡的双人卫生间，屋后的庭院用菜地装点，这些都是适应人口结构的设计。

绿水青山、粉墙田园，是人人追求的秀美江南典型的生活画面。城乡一体、乡村振兴，这个伟大的时代使命无法一蹴而就。然而对于家住上海城区的老宋，一个简单的民居，就让他追求幸福生活的愿望实现。年轻人在市区勤勉工作、安居乐业，50 千米之外，老人在奉贤老家老有所养、情有所依。一个大家庭的亲密关系，将城乡空间紧密地联系在一起。

3. 提高传统民居的舒适度

在陕西省渭南市李家沟村的山沟里，一般条件好的家庭都建起了砖房，而一处破旧的传统窑洞民居，利用改造彻底另辟蹊径，成为一个能够与历史形态和传统记忆产生联系的、完全现代化的新建筑。

改造后，它依旧是窑洞的形式。夯土墙就地取材，既节省费用，又不失地方特色。主窑正中间穹顶处增设了圆形采光井，大大加强了自然采光和通风条件，提高了室内环境的美观性与舒适度。虽然一般窑洞都具有冬暖夏凉的优势，但是在狭长的窑洞中，常常附带着阴暗潮湿的弊端。新窑洞由于在平面中嵌入了 5 处庭院，室内空间的采光和通风富于变化，大大改善了人们居住环境的健康条件。

李家沟村是个偏远村庄，成年的劳动力大都在城市里打工，村里更多的是留守儿童和空巢老人，所以很多窑洞年久失修，几近坍塌。通过改造，老旧的窑洞民居焕然一新，改造翻新成为窑洞民居的新出路。农村的人需要现代生活，农村需要现代化的设施。农村不应该是城市的低级版本，不应该是城市的跟随者，而应该是与城市有差异化并更接近自然与土地的人类栖息地。

4. 保卫乡村低碳健康的环境

在前些年，国内生产高速发展对环境的破坏在农村地区尤为常见。一些农村生活垃圾收集清运不及时，生产生活污水任意排放，畜禽乱跑，粪便到处拉，还有因环境污染致病的情况。中国新民居的建设目标之一，就是要保卫乡村健康的生活环境，保卫中国的绿水青山。

在四川广元附近大山深处的金台村，就是一个低碳健康的示范村。它曾被彻底摧毁过——2008 年汶川地震让 500 万人的家园瞬间就灰飞烟灭了。但是，重建的新金台村因祸得福，选择了建设乡村可持续发展民居的新跑道。

重建项目是一个大型集合式民居，它依山势地形铺开，是包括 22 栋房屋和 1 个社区中心的新型乡村聚落。这样的乡村建设，在中国大地上是崭新的。设计师为村民们提供了 4 种不同的户型，它们在面积、内部功能和屋顶剖面上各异，但都推进了低碳环保的新观念。金台村在使用当地材料、绿化屋顶、沼气再生能源以及饲养家畜、家禽的空间等概念上，做出了有意义的尝试。

由于全村各家的民居集中布局，可以集约耕地，还可交还更多山乡的景色于自然。同时，屋顶种植、再生沼气能源的利用、雨水污水本地净化与利用，让这个村子早早摆脱了环境问题的困扰，引领全球刮起的低碳风。

中国新民居正方兴未艾。近些年，为保证耕地面积，节约用地，改善农村宅基地使用与农民生活环境，农村住宅生活区的新建项目层出不穷。同时，中国政府对农村基础设施加大了建设与改造力度，村村通公路、通网络、通快递邮政，帮助农民改善生产业态，把最新鲜的农产品快速运往全球各地。2020 年全中国范围内消除了贫困，实现让每个中国老百姓都过上幸福生活的愿望。

关于中国新民居，在这本书里记载了很多，它们是全国各地新民居的缩影。它们不仅漂亮，还能满足农村生活的便利需求，提升农村生活的现代化水平。同时，中国新民居也为世界民居做出表率，对全球气候保护做出贡献，率先踏上“低碳”和“诗意”的列车，奔驰向前。

杭州富阳东梓关回迁农居

当代乡村聚落

地　　址：浙江省杭州市富阳区场口镇东梓关村
竣工时间：2016 年
设计单位：gad 建筑设计
设计主创：孟凡浩
设计团队：朱敏、朱骁诚、李强
景观设计：上海爱境景观
建筑面积：15286.98 平方米
建筑造价：198 美元 / 平方米
摄　　影：姚力、缪纯乐、门阁、胡栋、孟凡浩

总平面图

立面图

背景

中国的城市化使城乡差距非常大，乡村空心化，人员外流，大量原住民仍然居住在年久失修的历史建筑中，居住环境非常恶劣。本案面对的就是一个非常典型的江南村落，为了改善居民的居住与生活条件，当地政府决定一期先外迁50户，遵循宅基地一户一宅的分配方式，在老村落的南侧，进行回迁安置。

当代乡村聚落

传统聚落丰富形式的背后具有相似的空间原型。本案设计师试图从类型学的思考角度抽象共性特点，还原空间原型，尝试以较少的基本单元通过组织规则实现多样性的聚落形态。设计师从基本单元入手，将宅基地轮廓边界与院落边界整合并同步考虑，在建筑基底占地面积不超120平方米的前提下，确定小开间大进深（11米×21米）和大开间小进深（16米×14米）两种不同方向性的基本单元，建筑基底边界和院落边界形成一种交织关系，而非传统兵营式布局中宅基地和户内院落的平行关系。

两个基本单元建筑基底的适度变化演变出4种类型，将单元通过前后错动、东西镜像形成一个带有公共院落的规模组团，与传统行列式布局相比，在土地节约性、庭院空间的层次性和私密性上都有显著提升。每个规模组团都有一个半公共开放空间，有助于邻里间交往及团体凝聚力和归属感的形成。考虑到村民们对自宅“独立性”的强烈诉求，户与户之间都完全独立，不共用同一堵墙，间距在1.6~3.2米不等。若干个组团的有序生长衍生便逐步发展成有机多样的聚落总图关系。这种从单元生成组团，再由组团演变成村落的生长模式与传统中国古建筑的群体生成关系逻辑一致，也为未来的推广提供较强的可操作性和可能性。

3

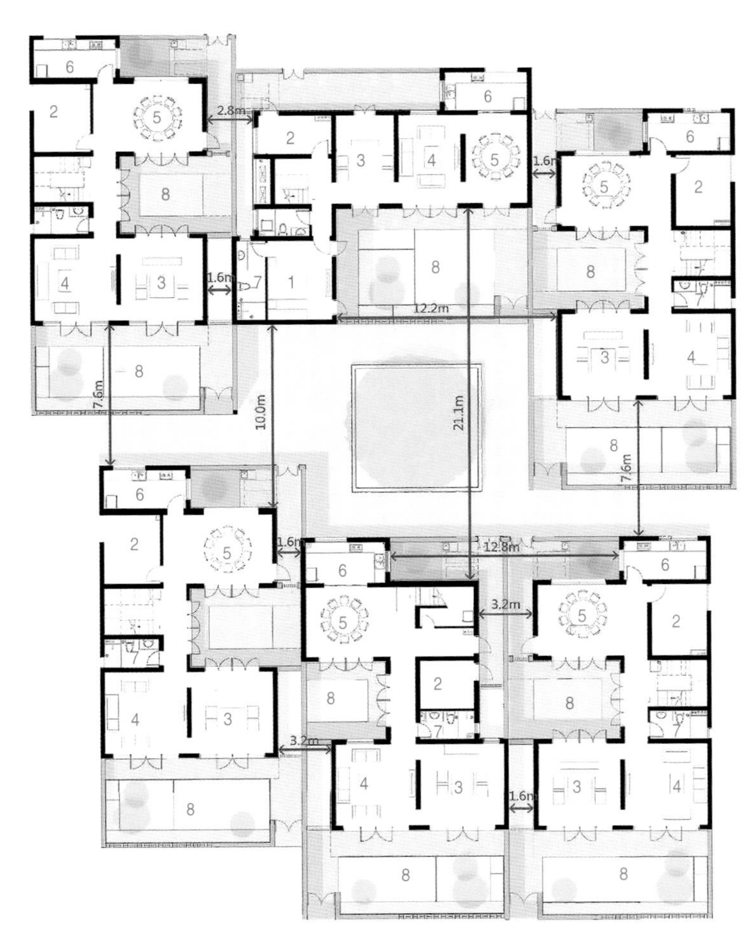

功能配置图
1. 贵宾客房
2. 储物间
3. 休息室
4. 客厅
5. 餐厅
6. 厨房
7. 浴室
8. 庭院

基本单元的功能空间设置从农民的真实需求出发，并以问卷的形式定向采集信息，并根据各户家庭人员构成、年龄结构等实际问题沟通和调查，找出大家的共性需求。最后设计遵循当地堂屋坐北朝南，院落由南边进入的习俗。对后院洗衣池、电瓶车位、农具间、空调设备平台、太阳能热水器平台、堂屋、储物间等实用功能区都一一考虑。同时将使用者的生活方式和对传统院落的情结相结合，注重逻辑的推导分析，通过 3 个院落串接功能空间，并通过不同的界面打造3个透明度完全不一样的院落。前院开敞，内院静谧，后院私密，构建出一个从公共到半公共再到私密的空间序列。

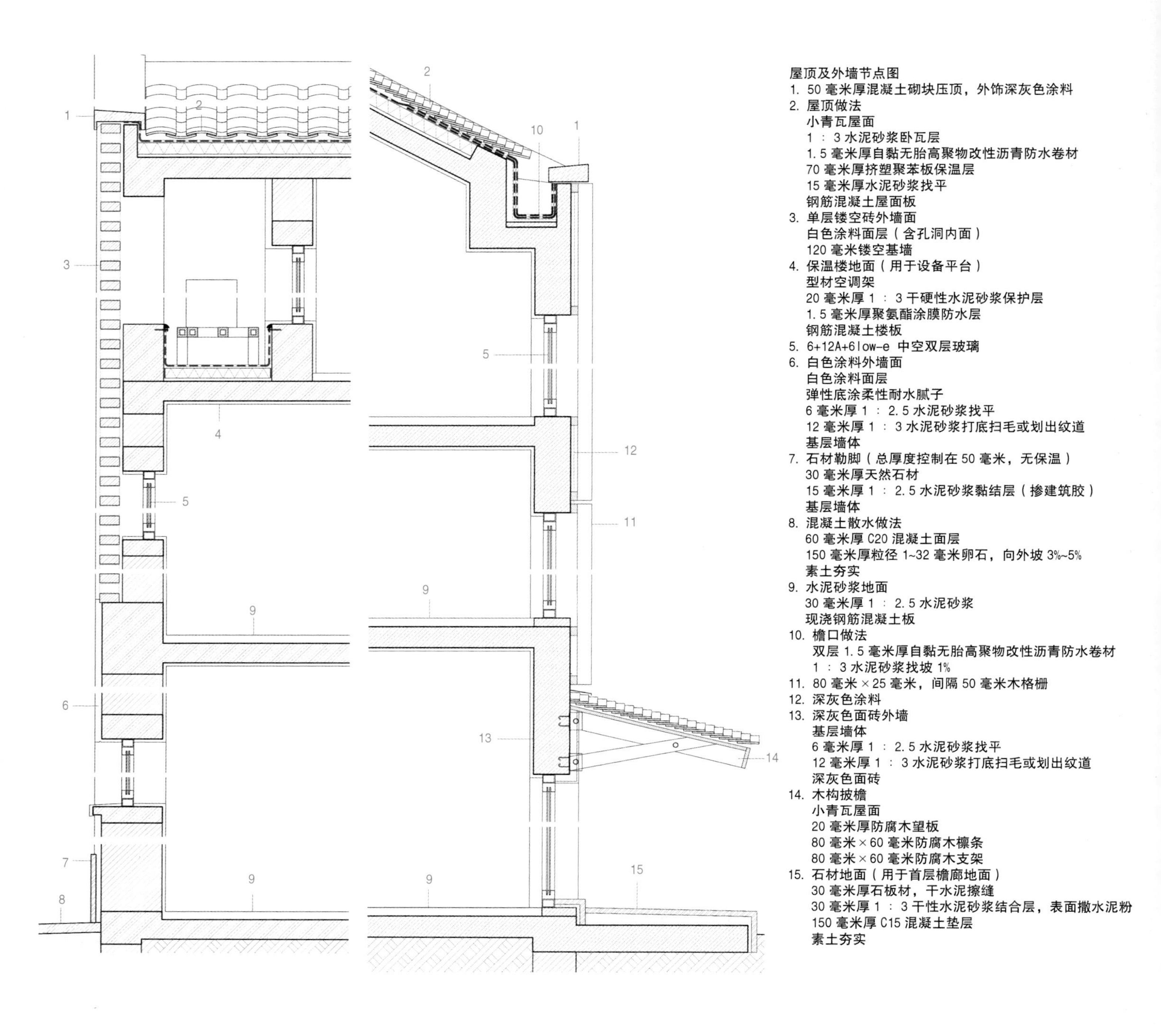

传统元素的转译

如何在控制造价和降低建造、后期围护难度的同时，在新住宅中延续传统的形式意象是项目的难题之一。在设计中将江南民居曲线屋顶这一要素作为切入点，提取、解析，并加以抽象，将传统的对坡屋顶或单坡顶重构成连续的不对称坡屋顶，并且针对不同单元自身的形体关系塑造相匹配的屋面线条轮廓，单元体量的独立性与群体屋面的连续感产生微妙的对比，形成一种若即若离的状态，构建出和而不同的整体关系，多样性与统一性并存。深灰色的压顶与白色大面实墙形成强烈的白与灰、线与面的色调构图关系。在虚实关系的营造方面，外墙以实面为主，朝向院落的界面以半虚及玻璃为主，既能保证采光需要，又能形成内向感。实墙上的方窗与每家每户的木质感格栅，在虚实之间完成了对外实内虚这一传统建筑界面特质的现代转译。

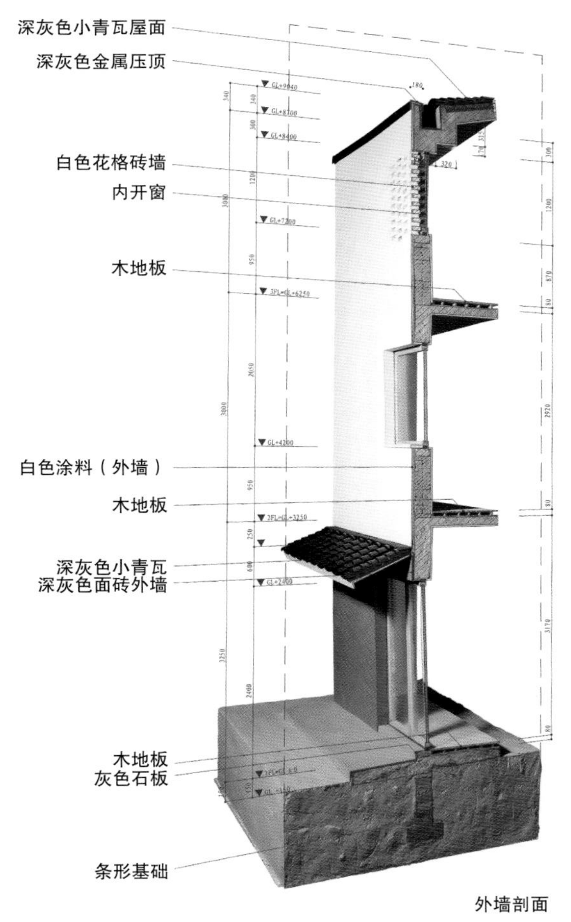

外墙剖面

回归到建造的本质，注重建造过程与完成形式之间的逻辑关系，探索工业化模式与传统形式元素之间的关系。选择砖混结构形式、保温刚性屋面楼板、保温防水外墙以及双层中空玻璃，用白涂料、灰面砖以及仿木纹金属等商品化成熟材料代替木头、夯土、石头等传统材料。在墙体的构造方面，24 毫米厚的砖以不同的砌筑方式形成不同通透度的花格砖墙，对应楼梯间、设备平台、围墙以及窗户开启扇等处，在屋顶檐口设计上以内檐沟做法进行有组织排水，将落水管于“立面”中隐藏。顶部压顶直接由混凝土浇筑出挑，近人尺度的一层挑檐等细节采用传统的木构工艺建造。以工业感衬托手工感，增加适度的丰富性和层次感，呈现出江南白墙黛瓦大基调下的肌理质感的变化，通过对传统住宅的形式要素加以提炼与转译，使所选材料的加工方式得以体现在建造结果中。

项目的完工为东梓关带来了复兴的机遇，乡村论坛的举办，多家设计公司工作室的进驻，农家乐、酒作坊、咖啡厅等生活配套的逐步跟进，原住民的回归，使整个村庄的人气活力都得到大幅提升，这个已经被遗忘的小村落重新走入了大家的视野。

一层平面图

二层平面图

三层平面图

四层平面图

上海奉贤南宋村宋宅

一家人的城乡

地　　址：上海市奉贤区奉城镇南宋村
竣工时间：2018 年 10 月
设计单位：张雷联合建筑事务所
设计主创：张雷
设计团队：马海依、洪思遥、章程、袁子燕、黄荣
建筑面积：280 平方米
摄　　影：姚力

缘起

文明进步和幸福指数并非简单的正比关系。上海，作为中国GDP最高的城市，也是闻名世界的国际大都市，城市及其郊区的乡村，同样面临各自的困境和冲突。在城市打拼的普通市民，他们努力工作的回报，并不能完全化解现实的压力，而乡村社区和人居环境的衰落也同时在发生。

故事的缘起是委托人老宋需要照料的老母亲居住在奉贤乡下，年久失修的老屋成为危房，以及辛苦工作的孝顺儿子老宋在上海城区的住所难以给老人提供舒适独立的居住条件，老人也完全不能适应上海顶层阁楼的蜗居生活。

老宋夫妇的梦想是退休后从上海城区回到家乡奉贤南宋村，将老家的危房拆除重建，造一栋适合老人使用、全家老少都喜欢的新房子，更好地照顾自己已经80多岁的老母亲。为了帮助在上海工作的女儿、女婿减缓生活压力，老宋和夫人商量邀请身体不太好的亲家夫妇一起回奉贤，方便相互照应抱团养老。为此属于工薪阶层的一大家人几乎动用了所有积蓄，这栋房子凝聚了他们一大家人老少4代8口对未来田园生活的美好想象和热切期盼。

用地范围及建造面积

项目用地范围为原有宅基地，审批通过的自建房建筑占地面积104平方米，两层总面积208平方米（实际建造可不超过213平方米）。

当地建房规则

建筑限高：2层建筑层高限定为6.7米，檐口标高8.0米，屋脊标高为“8.0米+房屋进深的1/4”。

不计面积部分：2层以上，阳台（出挑不大于1.5米）、飘窗（出挑不大于0.6米）、楼梯平台（出挑不大于1.0米）。

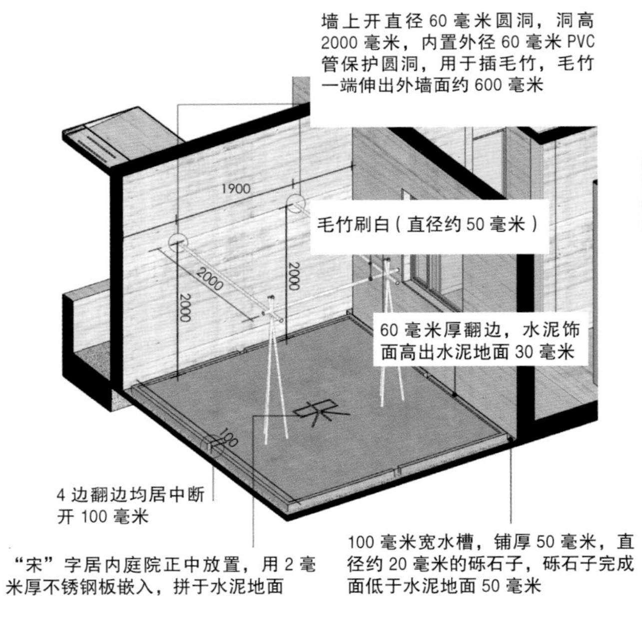

墙上开直径 60 毫米圆洞，洞高 2000 毫米，内置外径 60 毫米 PVC 管保护圆洞，用于插毛竹，毛竹一端伸出外墙面约 600 毫米
1900
毛竹刷白（直径约 50 毫米）
2000
2000
2000
60 毫米厚翻边，水泥饰面高出水泥地面 30 毫米
100
4 边翻边均居中断开 100 毫米
"宋"字居内庭院正中放置，用 2 毫米厚不锈钢板嵌入，拼于水泥地面
100 毫米宽水槽，铺厚 50 毫米，直径约 20 毫米的砾石子，砾石子完成面低于水泥地面 50 毫米

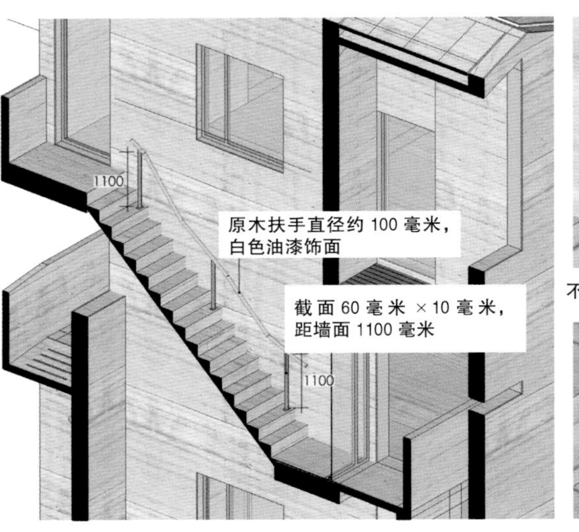

1100
原木扶手直径约 100 毫米，白色油漆饰面
截面 60 毫米 ×10 毫米，距墙面 1100 毫米
1100

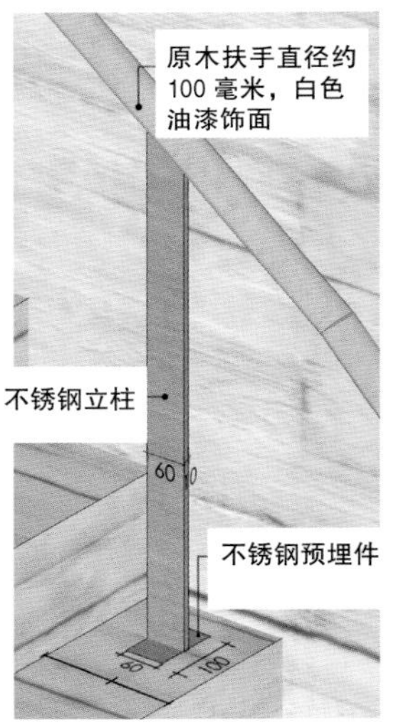

原木扶手直径约 100 毫米，白色油漆饰面
不锈钢立柱
60
不锈钢预埋件
100

施工图

1. 砌 240 毫米厚矮墙，外饰面同建筑墙体
2. 深灰色砾石子，直径约 20 毫米
3. 花池
4. 100 毫米厚混凝土围挡
5. 深灰色砾石子，直径约 20 毫米
6. LED 侧壁灯，在第二级台阶居中嵌入安装
7. 砌 240 毫米厚矮墙，外饰面同建筑墙体
8. 矮墙与建筑墙体留 100 毫米缝

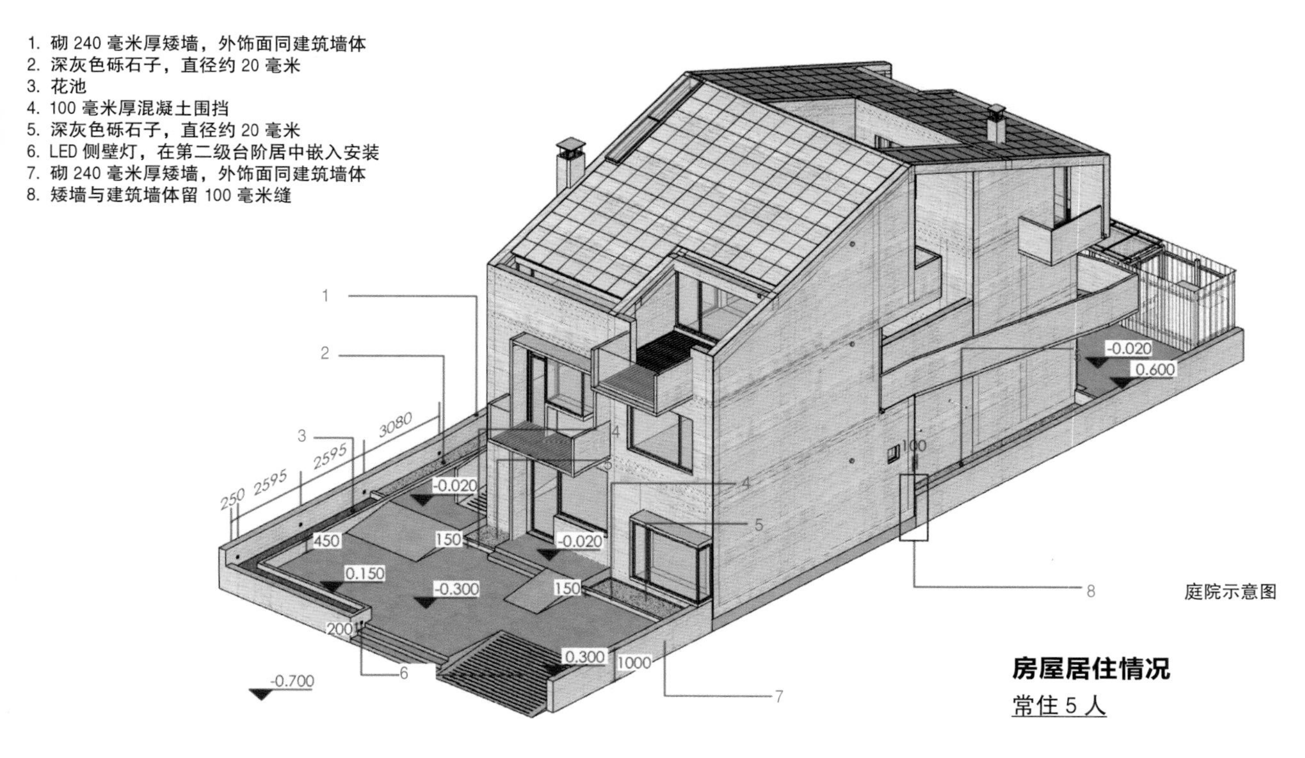

庭院示意图

房屋居住情况

<u>常住 5 人</u>

委托人老宋：55 岁，电工，身体健康

委托人夫人：53 岁，退休，身体健康

老母亲：82 岁，农民，有农保，患心脏病，时常头晕，行动不便，听力障碍，不识字，不会讲普通话

亲家公：68 岁，退休，身体不好，经历 2 次大手术，有时需要用轮椅

亲家母：66 岁，退休，患腰椎颈椎疾病，神经衰弱，睡眠质量不佳

<u>周末节假日回家 3 人</u>

女儿：31 岁，公务员

女婿：36 岁，通信行业

外孙女：5 岁左右

1. 截面 100 毫米 ×50 毫米横龙骨，白色油漆饰面
2. 截面 100 毫米 ×100 毫米木方，白色油漆饰面
3. 阳光板
4. 竹格栅，白色油漆饰面
5. 砌 120 毫米厚墙体，距建筑外墙面净宽 600 毫米，墙高升至上方坡道底面
6. 菜地
7. 砌 240 毫米厚矮墙，外饰面同建筑墙体
8. 150 毫米厚混凝土围挡
9. LED 侧壁灯居中布置，距离下方地面 200 毫米
10. 防水五孔插座
11. 深灰色砾石子，直径约 20 毫米

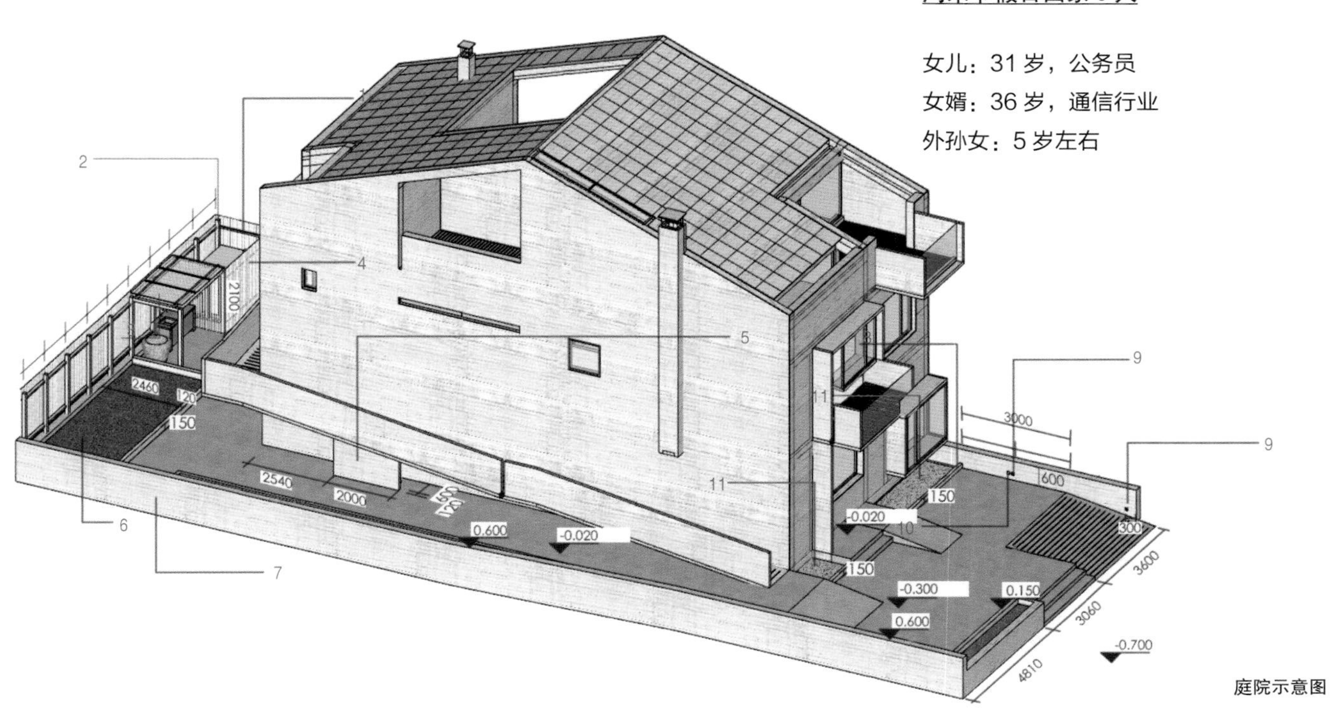

庭院示意图

设计方案与构想

设计延续奉贤当地新民居二开间朝南的空间格局，在规则方正的体量中心运用新民居不常用的天井，形成空间和生活的中心。5个有确定使用对象的卧室和不同尺度的公共空间围绕天井布局，形成独立性、私密性和公共性交织互联，兼具仪式感和归宿感的家。

一层起居室和老人的卧室朝南，仍然使用老人以前用的雕花木床等老家具，老人的卧室是全家温馨生活记忆的场所，是讲故事的地方。卧室旁边布置卫生间，尺寸放大的淋浴间可以二人同时使用，在需要时家人为老人提供洗浴帮助。起居室是全家一起日常使用和待客活动的地方，壁炉是起居室的中心，冬季寒夜围炉夜话，其乐融融。

穿过房子中央的天井，北侧是厨房和餐厅的大空间，是大家一起做饭、聊天、餐聚的地方。根据业主的要求，厨房配置了煤气灶和土灶两套灶具，即使不会用煤气灶的老人也能自己做饭。煤气炉和土灶形成两种生活方式的快速切换。

天井是建筑的中心，它是精神性的。站在天井中间地面镶嵌的不锈钢“宋”字上，老宋会强烈感知属于他家的一方天地。天井是功能性的，建筑北侧的房间都能朝南通风采光，这里是一家人户外活动、晾衣休憩的日常场所。

建筑二层南侧是两间相邻的卧室，供两对夫妇使用，方便身体健康的老宋夫妇照应身体不太好的亲家夫妇。两间卧室连着开放的家庭室，两家不用下楼就可以在这里休憩聊天。从一楼大门旁边起步，环绕建筑设置的坡道也在这里从室外进入室内，方便轮椅上下。家庭室旁边的无障碍卫生间可供轮椅进出，两对夫妇相互照应使用。二楼北侧是老宋女儿、女婿的卧室，年轻人节假日回来需要有自己相对独立的空间，方便回家看望、陪伴和照顾老人时使用。

三层合理利用当地建房规则，采用天井扩大房屋进深，加大坡屋顶下面的空间高度，坡屋顶下的空间绝大部分都能正常使用，南面布置成影音室和活动室，还设计了南向的大露台，可供远眺周边田园风光。三层北面是外孙女的卧室和活动室，与二层女儿、女婿的卧室形成有趣的楼中楼跃层结构，在女儿、女婿的卧室中有单独的小楼梯到上面，自成一方小天地，相对独立、现代和趣味性的空间设置使年轻一代更加乐意经常自己或带亲朋好友回家相聚。

亲家夫妇有时候会使用轮椅，他们在上海的小区没有电梯，很少能下楼活动。坡道的设置主要是为了满足轮椅上下的需求，这里也是老人适当户外活动、感受建筑周边田园风光、接触自然、联络邻里的场所。坡道提供一条感知建筑空间的路径，设计创造的大量半户外和户外场所具有丰富的游逛性和体验性。

一层的起居室、餐厅和天井，二层的家庭室和外挑阳台，三层的活动室和大露台——建筑内部丰富的多层次室内外公共空间通过室内和庭院之间两个楼梯串联，这些空间是营造家庭归属感的重要场所和催化剂。而老人之间，以及老人、年轻人和小朋友之间的日常交流互动是老人保持正常思维能力、身体健康的重要因素。适老性住宅除了在功能上满足老人生活的需求，让他们感觉方便和舒服之外，更需要得到年轻人的喜欢，年轻人带着孩子多回来陪伴，才是老人最开心的事情。

在一层老人的卧室和起居室之间、二层两对夫妇的卧室之间及卧室和家庭室之间均设置了观察窗，既可以从公共空间观察到老人的活动状态，老人也可以在卧室感受到家庭活动的氛围。在房子里面一层和二层楼梯间及走廊拐角处装有反射镜，公共空间尽量不留死角，方便老人、孩子彼此观察照应，年轻人也很乐意对着镜子自拍美照，开心分享。

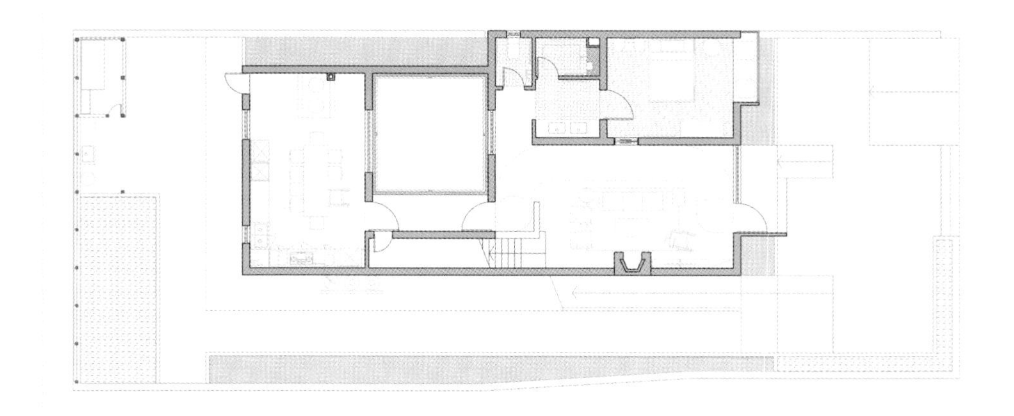

一层平面图

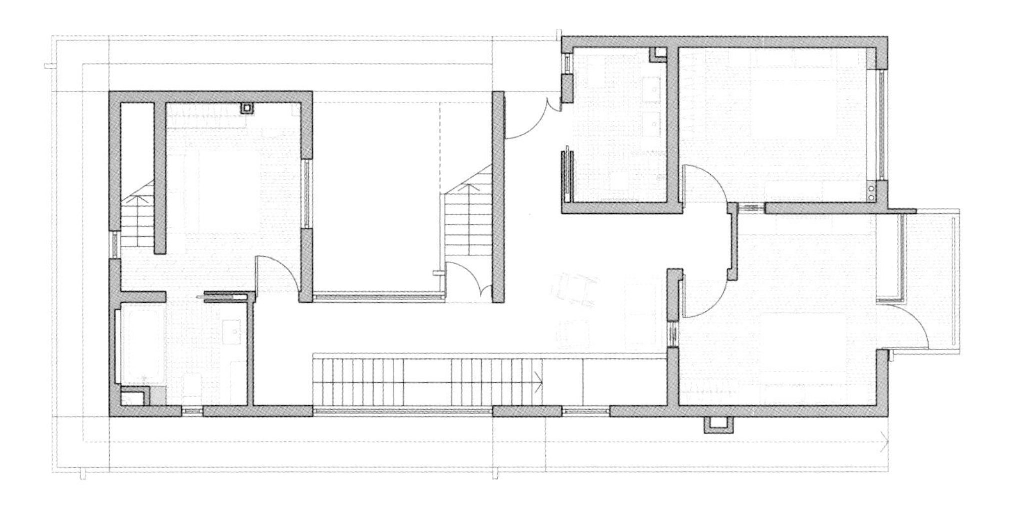

二层平面图

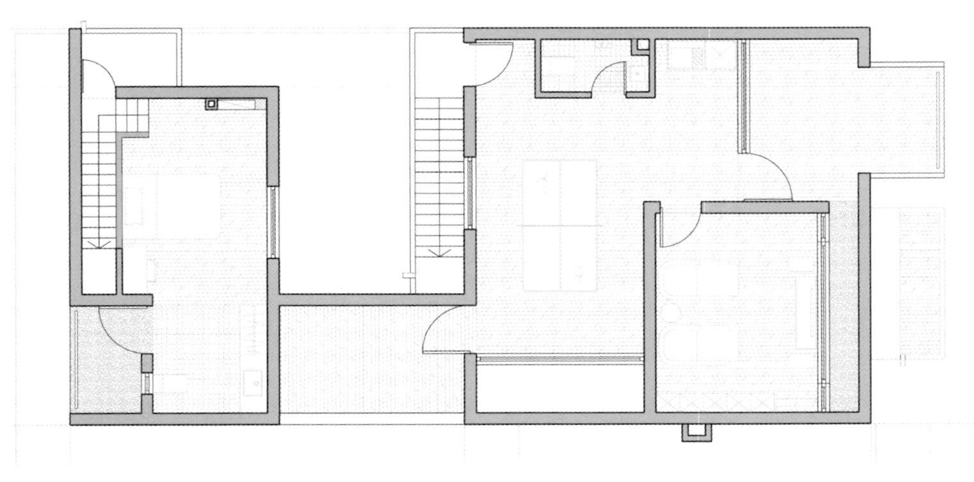

三层平面图

屋后不大的庭院里仍然留出了 5 垄菜地，是老人日常劳作的私人定制菜园。竹篱笆围出的半户外辅房，为在屋外清洗的习惯提供便利条件，也用于放置日常使用的农具。

绿水青山、粉墙田园是秀美江南典型的动人画面，方案阶段的设计构想是采用白水泥清水混凝土墙面，表现建筑纯净的肌理，打造绿色田园中浪漫的养老居所。由于造价及工期因素，在实际建造时改为砖混结构，拆除的老房子的外墙和地面都使用的是水泥砂浆，设计单位希望白水泥饰面的策略能够有效地回应熟悉的文脉环境。

10 多年以前设计单位完成了混凝土缝之宅项目，在实施过程中和上海禾泰建材的刘娟一起对清水混凝土墙面的修补和保护进行研究，有过成功的合作，之后在 CIPEA 四号住宅中也采用类似的外墙饰面材料和技术，这次时间紧、任务急、造价低，砖混结构也不同于混凝土墙面，基层需采用弹性防水膜仔细处理，刘娟再次出手相助，采用白色清水防护材料保证外立面效果。磐多魔 panDOMO 邦喜建材朱永彬也是在几乎不可能完成的时间里克服交叉施工的困难，完成室内公共区域地面和墙面饰面工程，为建筑内部空间营造自然的水泥肌理触感。

山楂小院

——山楂树下的隐居生活

地　　址：北京市延庆区刘斌堡乡下虎叫村
竣工时间：2015 年 12 月
设计单位：空间进化（北京）建筑设计有限公司
设计主创：金雷

设计理念

空间进化是一个在规划、建筑、室内、陈设设计领域都有一定实践经验的设计公司，崇尚空间设计的“无边界”，强调建构美学的自然观念，对于纯粹的“饰”保持节制和怀疑的态度。而乡村建设项目往往多元体系杂糅，需要考虑与协调的问题众多，兼或还要顾及投资与功能、技术及实效性的平衡。而这样的操作方式恰是空间进化的特点，也是设计师努力追求的方向。

设计师不愿意牺牲使用者的利益，不愿意放弃设计原则，去追求那些杂志上的照片。设计师不喜欢所谓的“新农村建设”“乡村整体规划”这样的方式，亦不赞同把乡村建设得更像“农村”，用所谓的“传统遗存”炫低技，进行农家乐方式的“表演”。乡村建设绝不是文物修缮。在设计上当然要尊重当地文化传统，但更应该尊崇技术发展规律，深刻挖掘场地所赋予的场所精神，平等对待项目使用者。因地制宜、顺势而为、自然而然、生生不息是设计师所主张的设计原则。

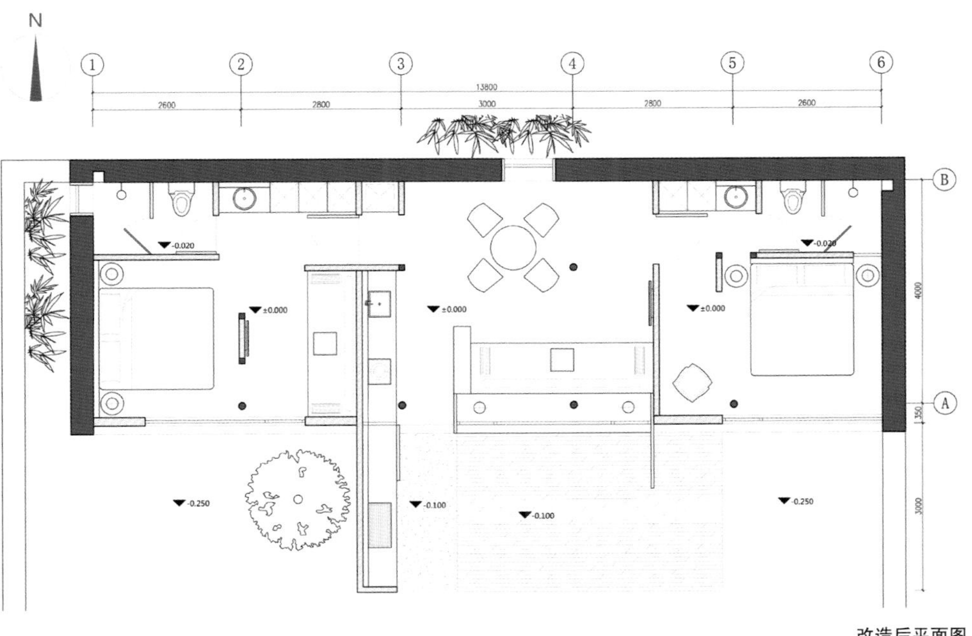

改造后平面图

规划、改造

设计师基本保留原有农舍建筑及院落围合的外观肌理和空间关系，使其可以顺利融入村庄脉络，但根据周边环境做出适当的调整。如针对院中村舍和周边建筑形成的夹缝空间开窗造景，并形成自然通风。沿南侧院墙种植的竹林既保证院内的私密性，其退开建筑的距离又让出室外活动的场地，不影响南向的采光，增加从室内透过落地玻璃窗看到的景观的纵深感。周边杂乱的景观被自然遮蔽，只露出竹梢上的远山。南侧原有的封闭陈旧的建筑立面被通透的玻璃幕墙替代。原有的结构柱被暴露在室内，成为自然的装饰，同时也被新建的外部维护结构保护，而不受风雨侵袭。针对传统建筑坡瓦顶出檐小的问题，新加的钢结构雨篷形成的檐下空间和从室内伸出的木平台使室内的活动可以自然延展到室外。

室内空间布局

鉴于房屋东西狭长的特点，中间的部分安排为公共的开放空间，包含起居室、开放的厨房及备餐台和餐厅。两间卧室则被分置于东西两侧，避免相互之间的干扰。在一个卧室中又单独划分出起居空间，多出的床榻可以在将活动的炕几拿下后作为儿童的睡床，这样整个小院可以满足祖孙三代人同时度假居住的需求。将公共活动区的吊顶全部拆除，露出木结构及秸秆铺装的屋顶肌理。在做过简单的清理及维护后，尽量保持上面的岁月痕迹。而两侧的卧室完全用吊顶封闭，一方面加强冬季的保暖，另一方面防止昆虫的侵入。

陈设选择

家具尽量采取北欧现代简约风格的产品，强调设计的当代性及舒适度。自然轻松的调性可以很好地融入农村的大环境中，同时避免过于厚重或符号化强烈的家具对窗外的景色形成干扰。配饰的原则是尽量就地取材，节约成本的同时也自然地体现出当地文化。

朱家老宅改建项目

——隐现于山，让步自然

地　　址：浙江省绍兴市嵊州
竣工时间：2015 年
设计单位：江阴市建筑设计研究院
设计主创：荣朝晖
景观设计：吴敦达
建筑面积：1081 平方米
摄　　影：胡义杰

场地

朱家老宅坐落于浙江嵊州的山区里，偏离城镇，四周山势陡峻，一溪清流从门前淌过，这里的山区一直保留着江浙一带古老而朴实的民居建筑。

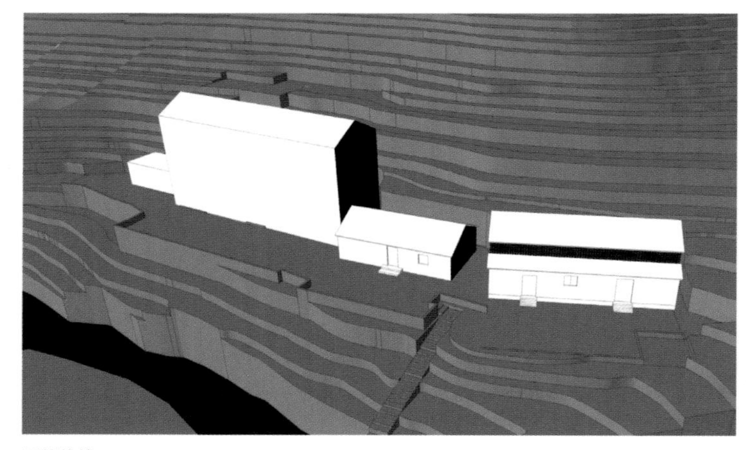

原筑体块

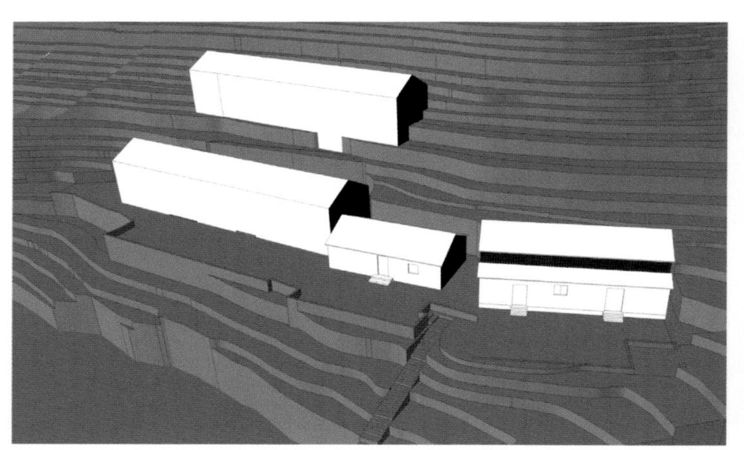

体块拆分

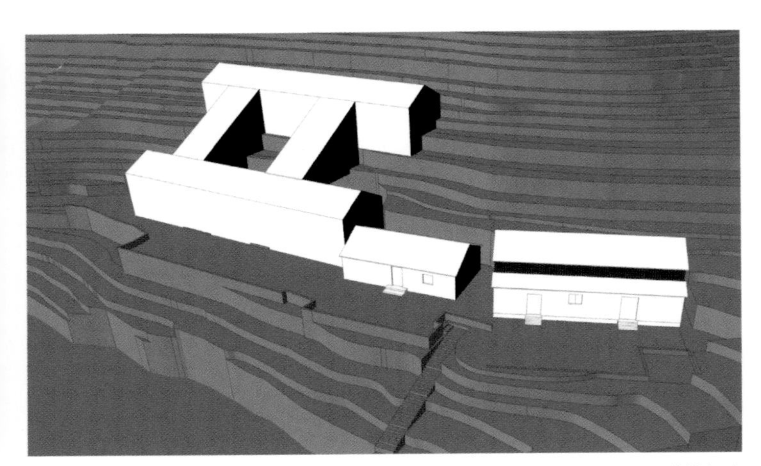

体块加法

体块模型

隐现的建筑

设计团队初次造访此地时，被这山势和峡谷的美景深深吸引。出于敬畏自然的职业本能和业主对于乡愁情怀的诉求，产生了“如何保留山势造型而不被新的建筑过度干预？”的思考，这也是解决本案关键问题的难点和切入点。而同时面临的问题是，山地地形可供建造的实际面积很少，将山体挖空太多来解决面积问题，容易导致山体裸露过多，形成山体滑坡。

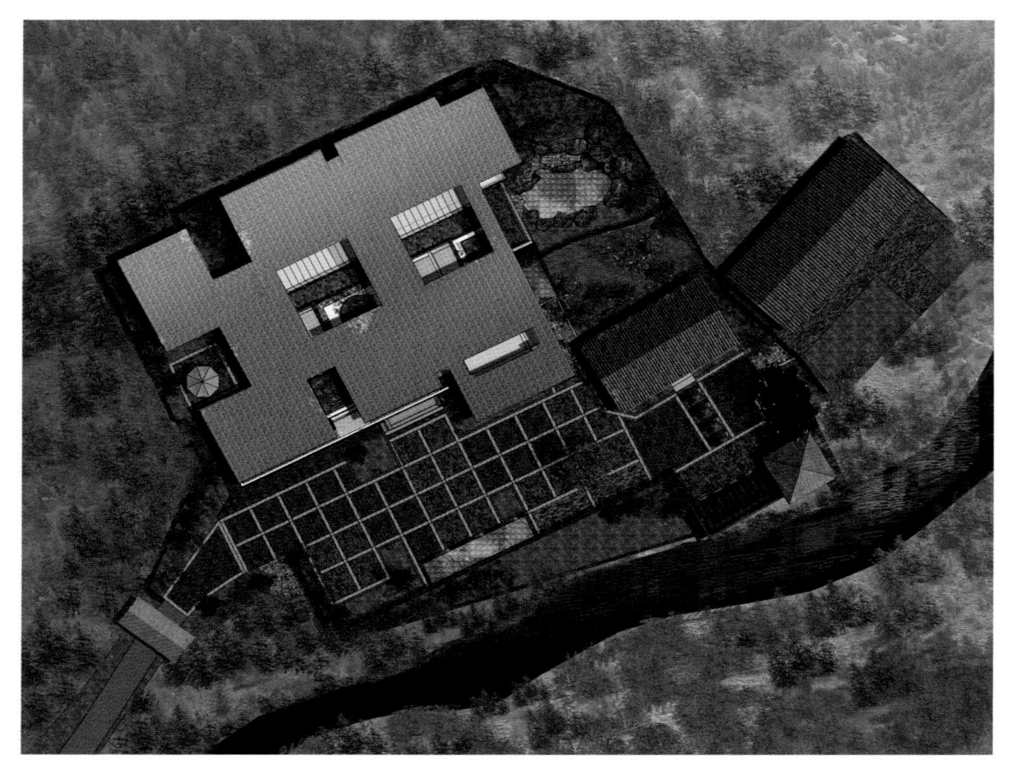

总平面图

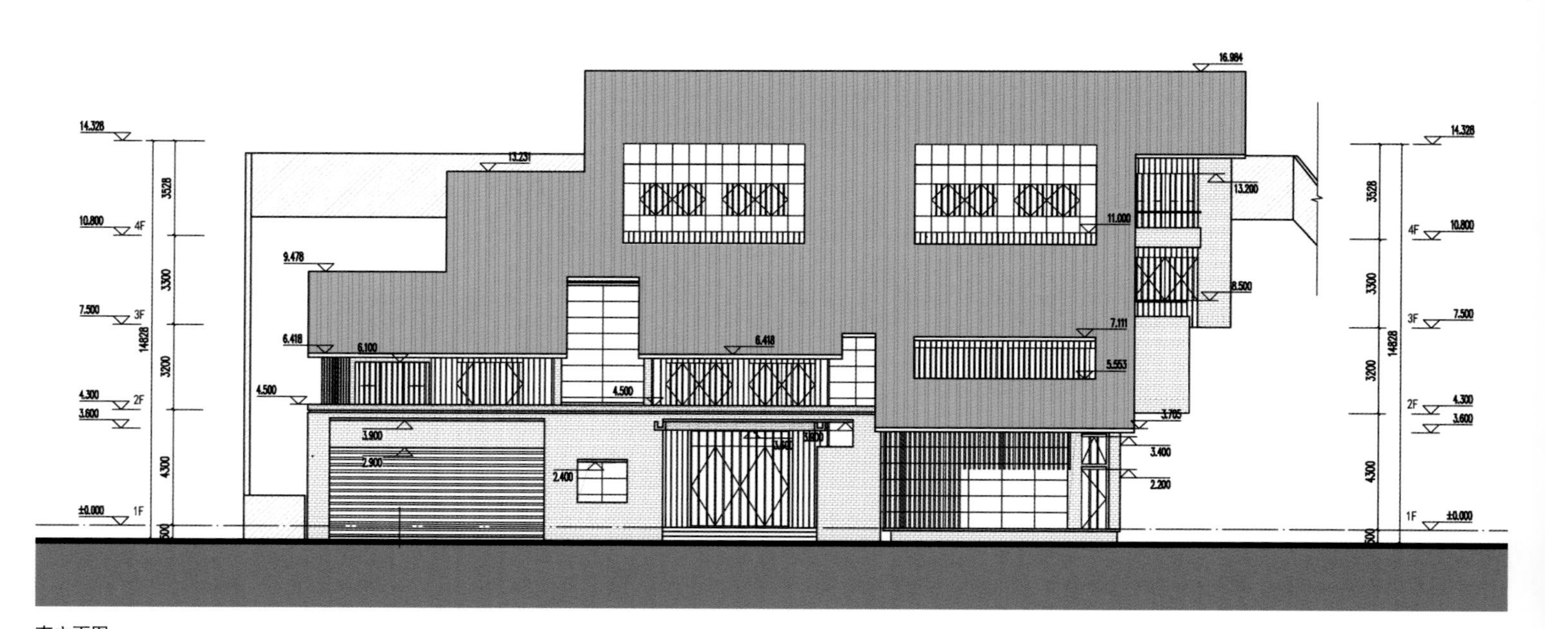
16.984
14.328
13.231
13.200
11.000
10.800
4F
9.478
8.500
7.500
3F
7.111
6.418
6.100
6.418
5.553
4.500
4.500
4.300
2F
3.600
3.765
3.900
2.900
2.400
3.400
2.200
±0.000
1F
3528
3300
3200
4300
14828
500

南立面图

建筑师的初衷要让建筑让步自然。于是开始“挖山—填山”的设计运动。浙江大部分都是山区地形，可用于建造的面积极少，必须先将必要的山体泥石掏去，再用新建筑本身去“填山”，融为山体的一部分。建筑师考虑屋檐的角度和坡度要符合原山体的坡度。整个老宅改建后由原来的垂直3层布局，变为总体4越5层的依山台阶式布局，不仅总体面积大大增加，而且形成多个立体庭院休闲空间，每一层都有花园阳台。

建筑的特殊屋顶造型彰显自然主义的气息，舒展而优雅。细节融入传统元素，黛瓦融入青山之中，青砖与落地窗虚实对比，白墙与木格栅交相呼应。设计形式现代简洁、优雅大气，充满艺术性和设计感，充分展现现代浙江山区民居的高品质追求。

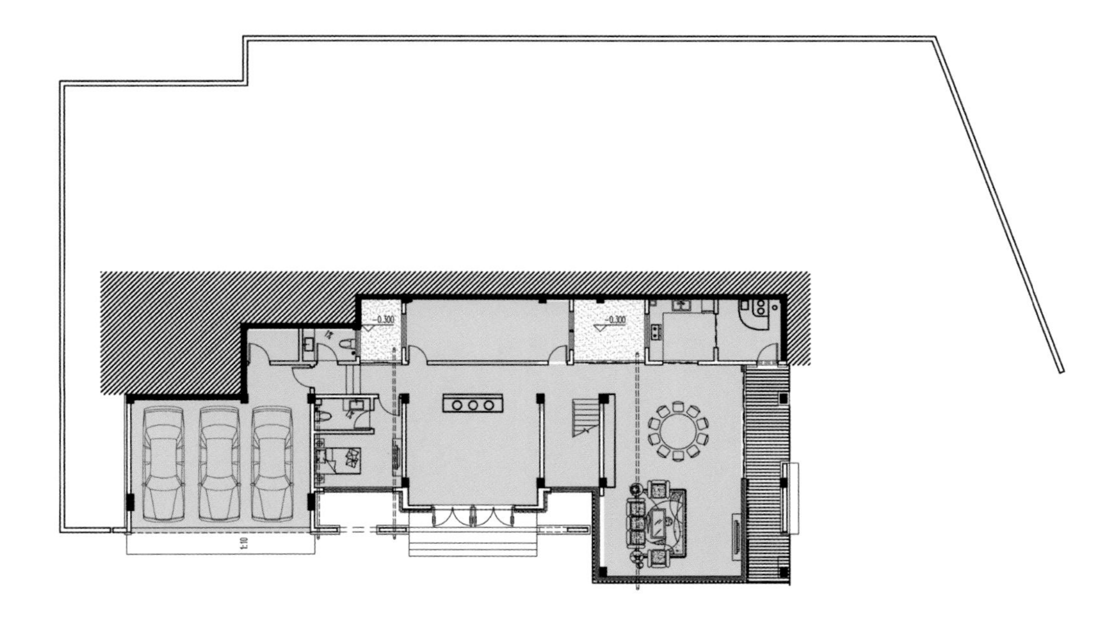

一层平面图

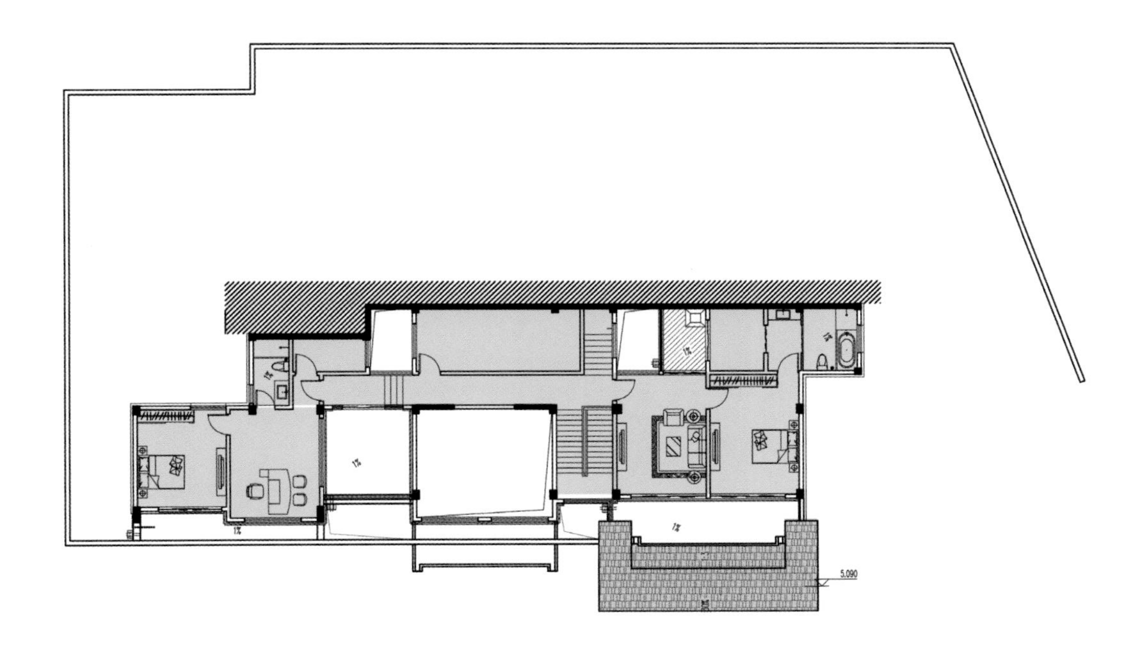

二层平面图

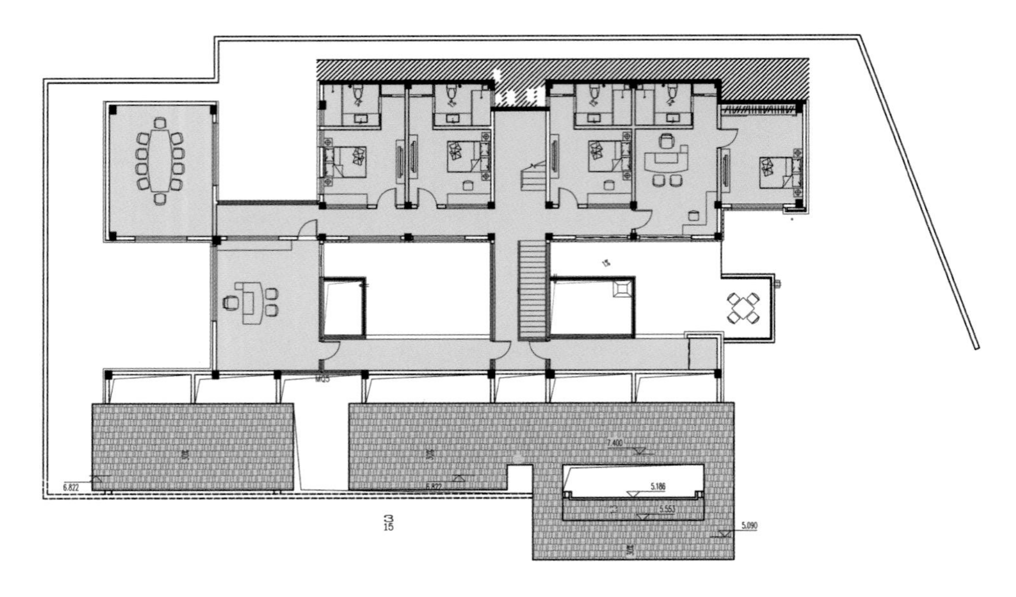

三层平面图

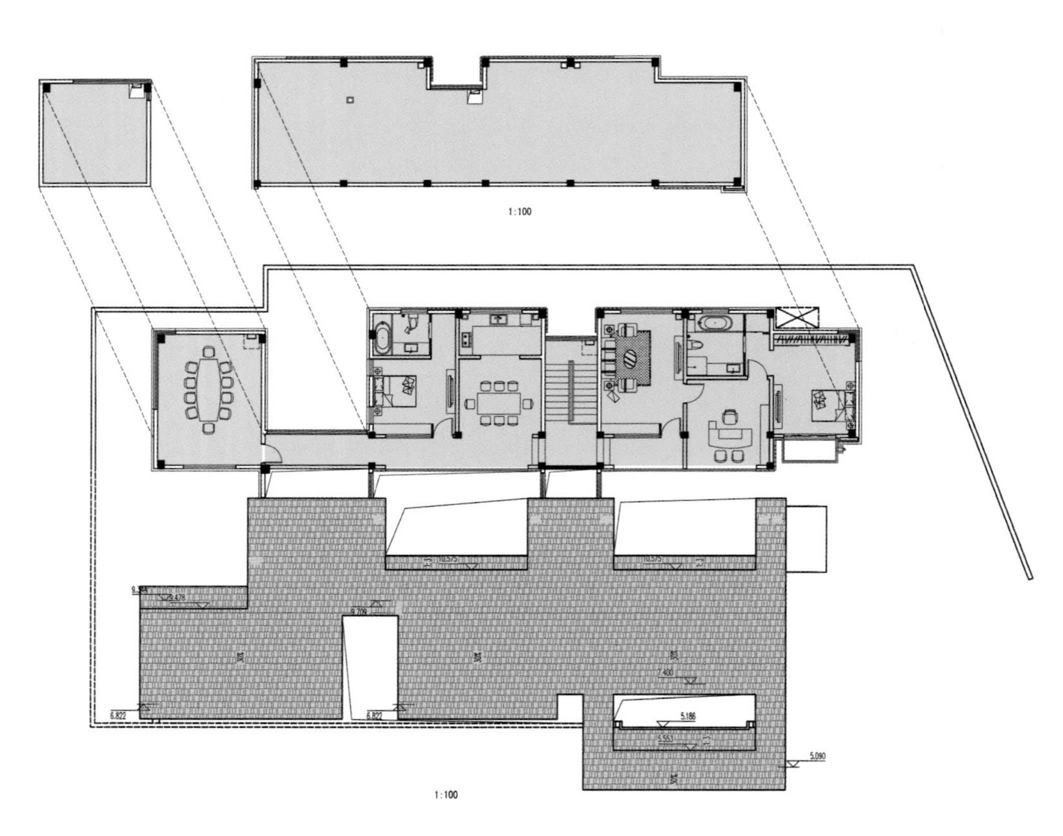

四层平面图

北方的院子・擦石匠

——值得追寻的空间魅力

地　　址：北京市怀柔区擦石口村
竣工时间：2018 年 5 月
设计单位：氙建筑
设计主创：王岩石
建筑面积：430 平方米
摄　　影：白婷

概要、核心

设计师追寻的空间魅力，是一种隐秘的主宰力量、一种朦胧的深刻交流。

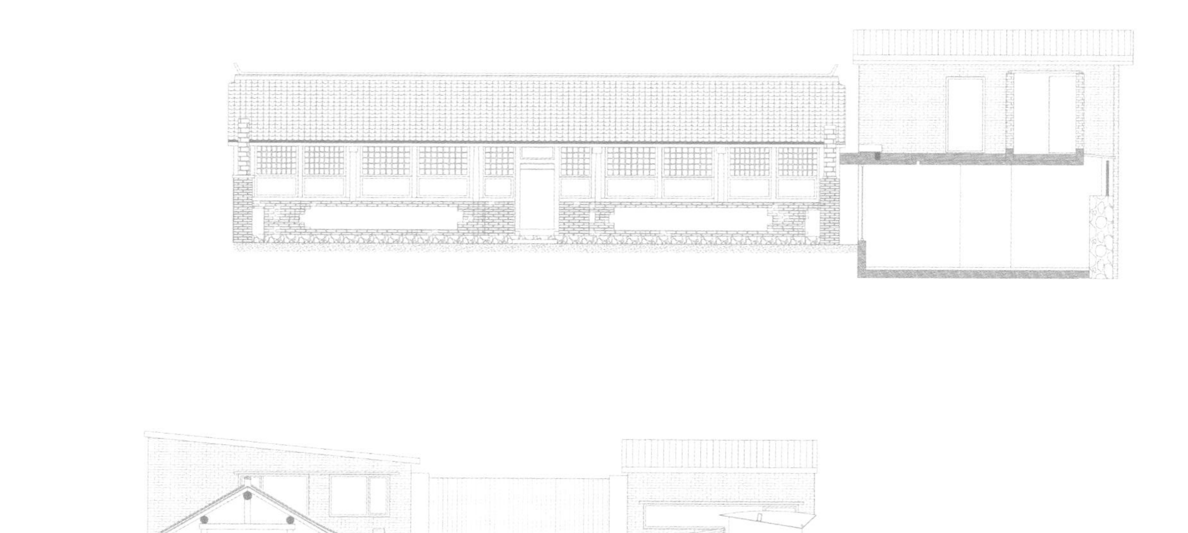

剖面图

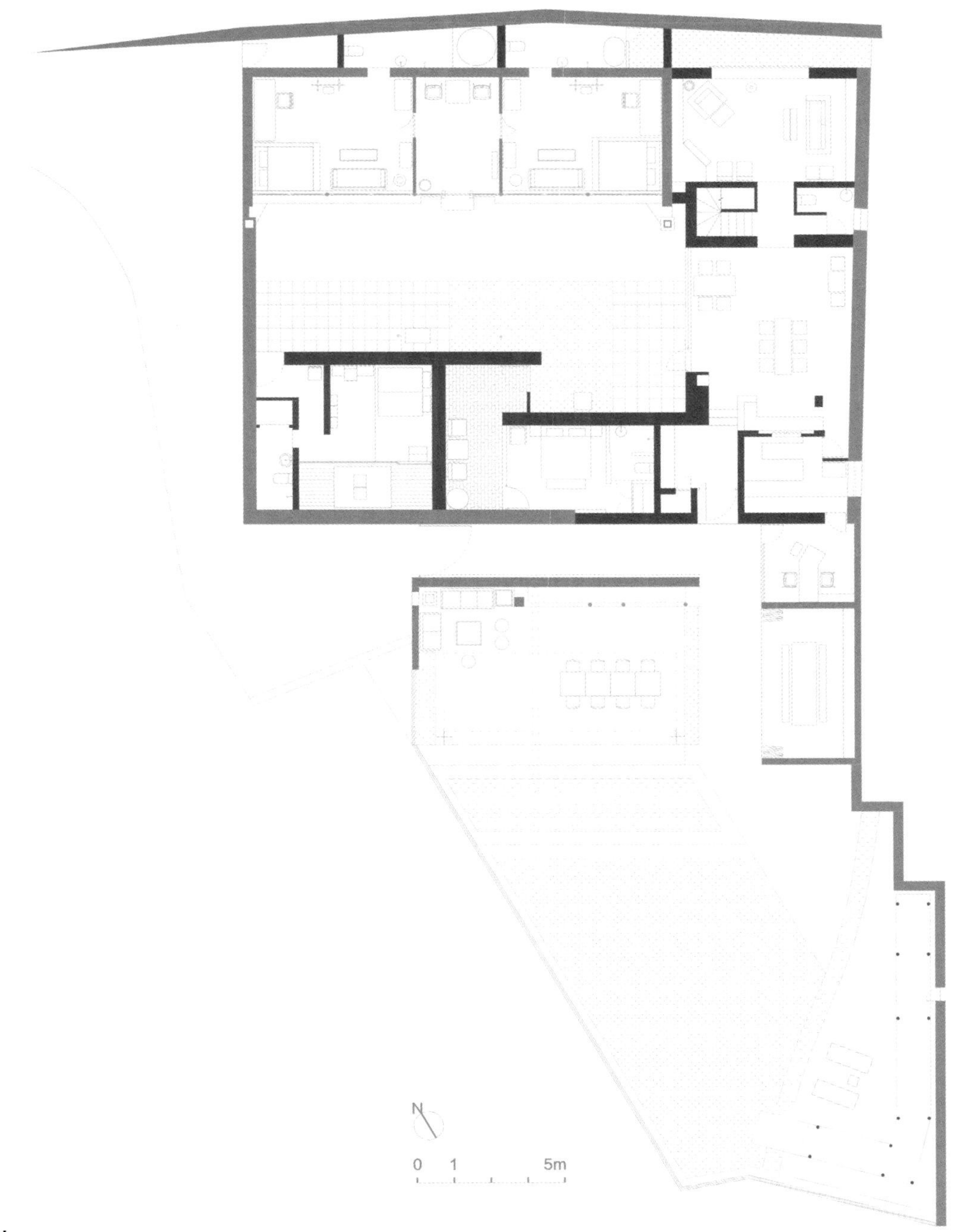

一层平面图

北方村院民居

基地位于擦石口村内一角，四周栗树成林，群山环绕，位置十分僻静。往北可徒步至长城，穿越摩崖石刻。擦石口长城横卧在东北方向的山峦之巅，从擦石匠即可远望。

基地原本是一户坐北朝南的农家院，以矮墙区隔内院和外院。正房建于 20 世纪 70 年代，五开间的一堂两室，比例疏阔，砖石砌、大小木作和瓦作都是当地最考究的建筑工法。原室内纸包墙顶，糊单层纸窗，配合火炕，便可过冬，光感柔和。挑檐达 80 厘米，冬季阳光洒满炕，夏季阴凉宜居。

改造、新建

能为坐落在山区中的庄尊老屋进行改造让设计师倍感荣幸。

内院除正房老屋之外的其余建筑全部为新建的。通过下沉、减小进深、一层压低檐口等方式，保证北方村院的开阔感，更不减正房的气场。

在外院将原有的菜棚和菜地改造成休憩平台和花园，东侧利用原有储藏室设工坊和接待茶室。外院平台之上的水槽被架高举起，充满仪式感。

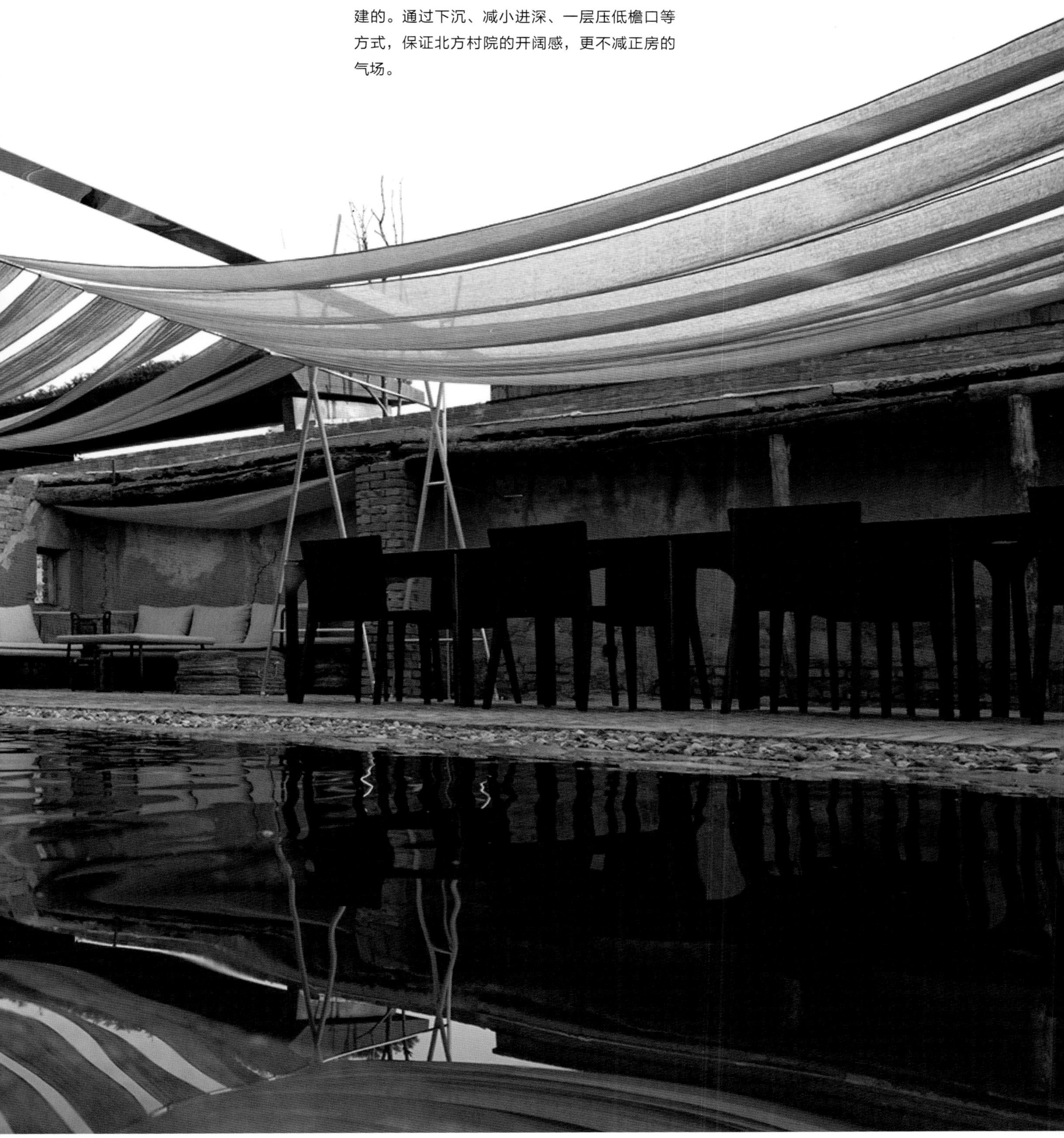

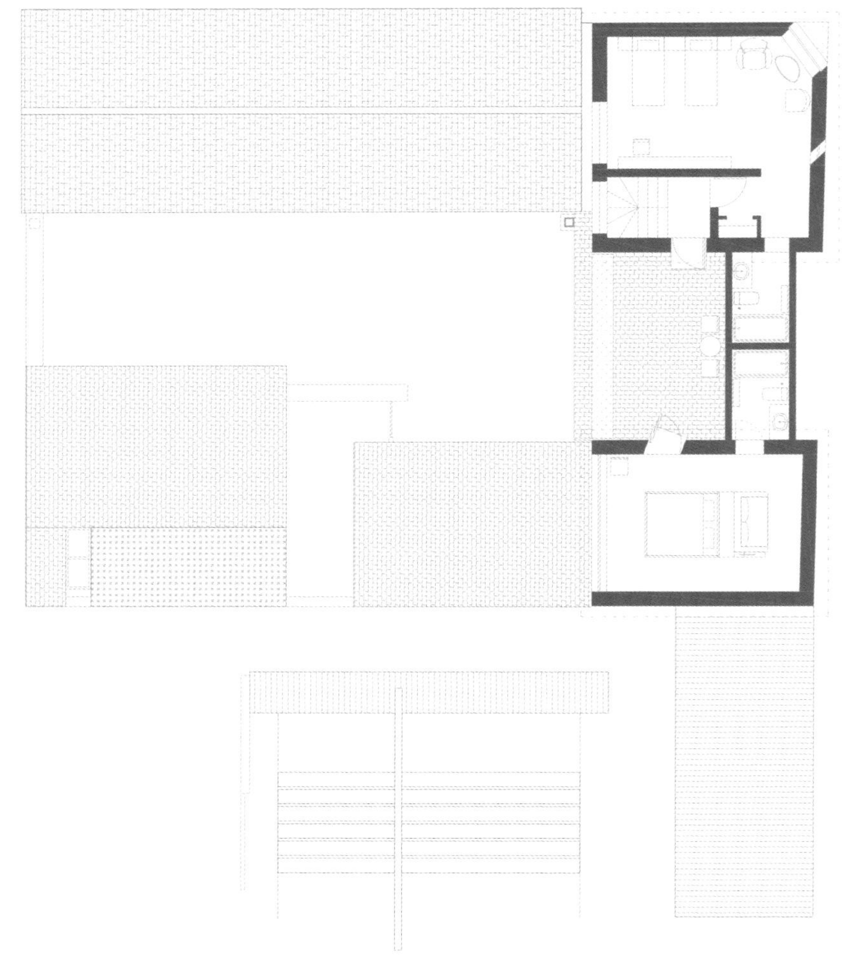

二层平面图

总结

擦石、捕风、捉影、落水，建筑显现自然的暗涌。

小尺度与大环境相处，折射 50 年时光，设计师期望于内外产生一种内向的、内在的细致回应。

常各庄村农舍改造项目

——低成本改造的旧农舍

地　　址：北京市大兴区庞各庄镇常各庄村
竣工时间：2016 年
设计单位：空间进化（北京）建筑设计有限公司
摄　　影：空间进化（北京）建筑设计有限公司

项目位于北京西南郊区的大兴区庞各庄镇常各庄村，改造的对象是一栋有着超过 40 年历史的破旧农舍。原有的建筑是京郊农村中常见的一层砖木结构。屋内没有上下水，陈设简陋，光线昏暗，墙壁被几十年做饭的烟火熏得漆黑一片。由于将农用三轮车停放在最里边，南向的院落完全变成一个车道。最为糟糕的是建筑的室内地坪比室外的院子低了近 20 厘米，大雨时会发生院中的雨水倒灌进屋的情况，而这也极大地威胁到结构的安全。与此形成鲜明对比的是项目所在的地区严重缺水，村里几乎每天都会停水，而且还总是发生在用水高峰的晚上，给住户的生活带来极大的不便。

因为建造成本和施工周期都受到极大的限制，可使用的经费约 30 万元人民币，不仅涵盖从场地及建筑改造、室内硬装，到家具灯具和配饰软装的所有费用，还要为住户购置一些简单的家用电器。由于节目播出日期已定，因此设计加上施工的时间被限定在 45 天。

水的问题

针对水的问题，设计师将排水与节水一并考虑。一方面，提升室内地面，调整室外地面并重新铺设排水沟。另一方面，在院子的端头修建蓄水池，将院子两侧屋顶的雨水收集起来，可供循环利用。这不仅达到节水的目的，同时也极大地减少强降雨时院中的短时汇水量，使院中的雨水可以及时排净。在晚间停水时，收集的雨水可以作为冲厕用水的补充水源。

功能布局

在功能布局上与住户仔细沟通，在充分了解住户生活习惯的基础上，对原有的布局做出很大的调整。

将原来停放在院子端头的农用三轮车移至大门外停放，使院子可以被重新加以利用。沿墙的绿化为室内空间创造可视的景观。当地有不能在北墙开窗的习俗，设计师将所有的收纳功能都集中到北墙一侧，所有的居住功能区都安排在南边采光更为充足的一侧。

鉴于房屋东西狭长的特点，将中间的部分安排为公共的开放空间，长辈的卧室和客人的卧室这些较为私密的空间被分置于东西两侧，避免相互之间的干扰。由于地面高度的提升，梁下的净空高度只剩下不到 2.1 米，加上原有的简易吊顶，十分低矮压抑。设计师将原有的吊顶全部拆除，露出木结构及用秸秆铺装的屋顶肌理。在做了简单的清理及维护后，尽量保持它上面的岁月痕迹。

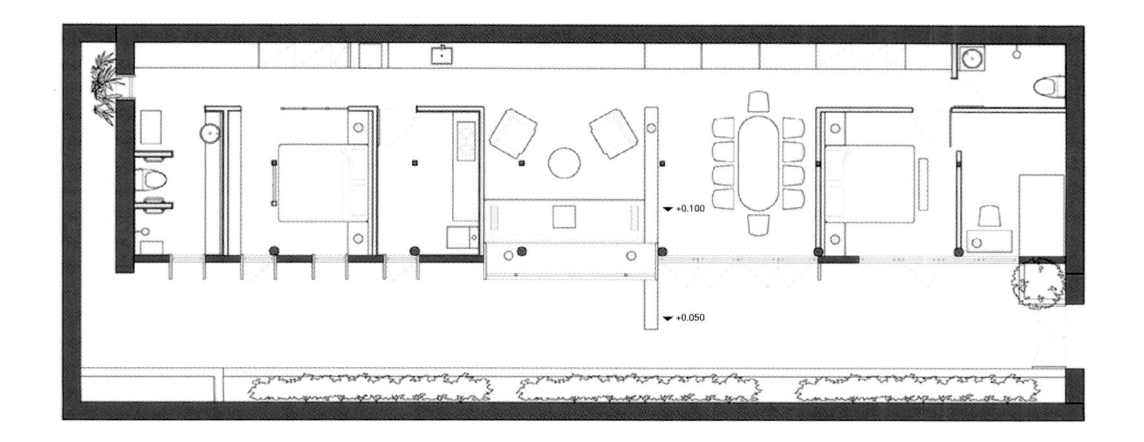

改造后平面图

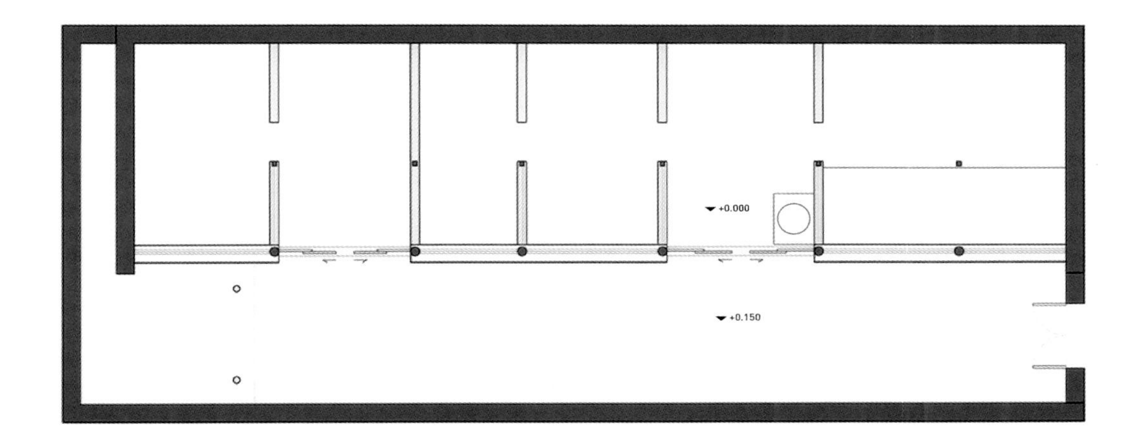

改造前平面图

另外设计师有意将南侧的维护结构向外推出约 50 厘米，将承重用的木柱保护在室内，免受室外风雨的侵袭，同时木柱得以单独暴露在室内空间中，成为一种自然的装饰。

在场地勘测的过程中，设计师发现现有房屋同西侧邻居家院墙之间有一道宽约 80 厘米的狭长走道。于是在室内走廊尽端的西墙上开一条景窗，窗外种植的绿竹成为狭长走道的对景，摇曳的竹影进一步将室内空间同自然环境联系在一起。

家具选择

在家具用品的选择上尽量就地取材，保留的水缸成为茶几和伞筒，破旧的木条凳经重新打磨后摆在床前，用于放置衣物，原先已然无法使用的花格门则成为主卧室里的屏风。

黄山店村姥姥家改造项目

——新元素的植入与乡村记忆的保留

地　　址：北京市房山区黄山店村
设计时间：2016 年 4 月
设计单位：空间进化（北京）建筑设计有限公司
设计团队：金雷、关天颀、郭腾、张雪婷、胡艳平
建筑面积：305 平方米
摄　　影：夏至

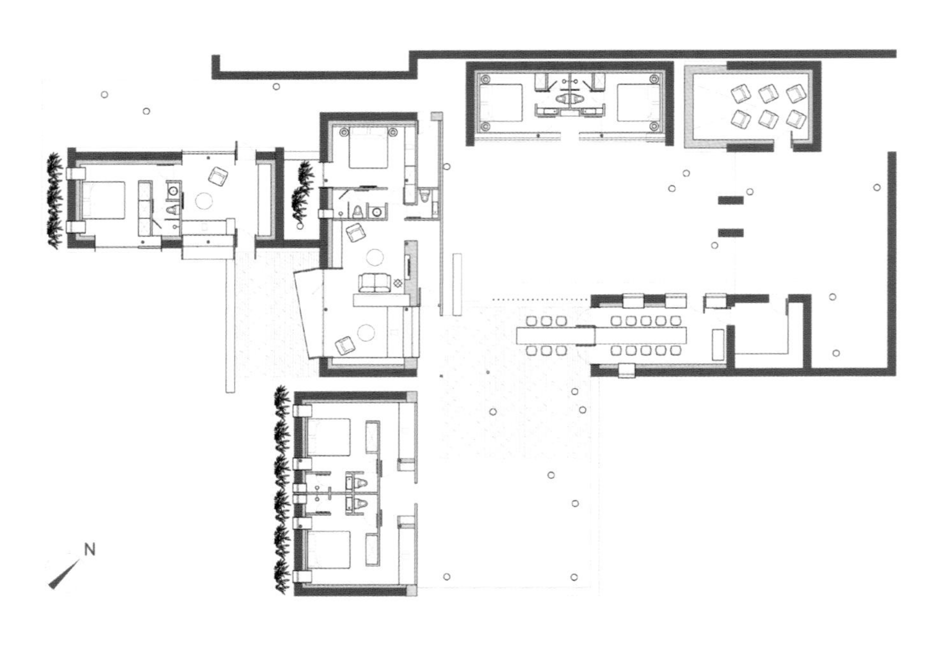

改造后平面图

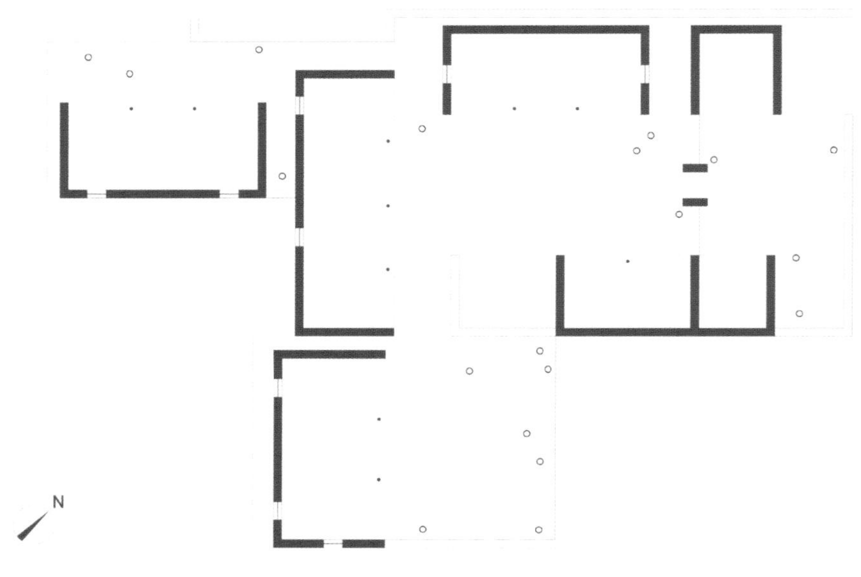

改造前平面图

新元素的植入

设计师基本保留原有农舍建筑及院落围合的外观肌理和空间关系，使其可以顺利融入村庄脉络，保留乡村记忆，但根据周边环境做出适当的调整。

对一些已经破损漏雨的屋顶进行下架重修的处理，在材料和工艺上还是延续当地传统的石板瓦顶。一处已经坍塌的房舍顺势改为室外就餐凉亭，丰富院落间的层次。

选择空置场地

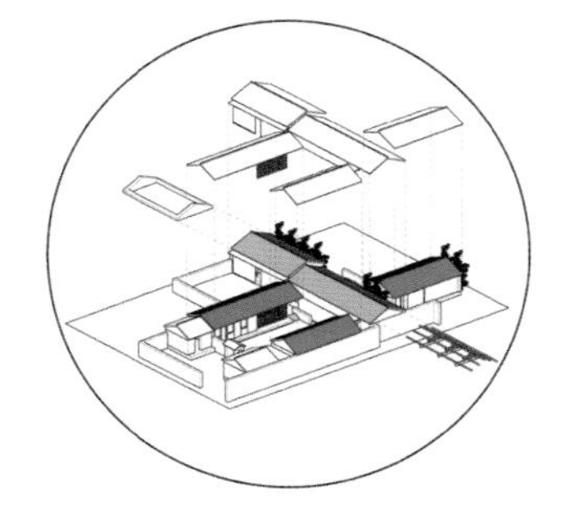

改造设计

培训当地农民

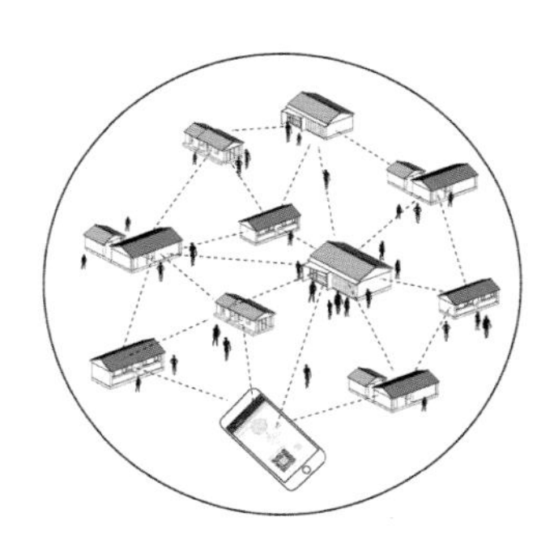

网络营销与管理

操作模式

入口处结合原有耳房改建成独立厨房和私人影院，既方便农民管家的实际运营，又丰富这样一个大群组院落的功能设置。院内的公共空间，例如餐厅和客厅被安排在院落的中间位置，相互之间既分又合。室内就餐区直接连通到室外凉亭，而透过客厅又可以看到自然的山石景观。为了保证主要居住空间的私密性，同时也为了避免将最美的山景开门即见，在正房面向入口院落一侧加盖外廊，上方的玻璃顶让斑驳树影和灿烂阳光洒进室内，半透明的 U 形玻璃墙将苍翠的山景藏于其后，它所包裹的空间里渗出的光影像灯笼一样照亮院落。

空间规划与陈设

在原有的建筑中布置6间卧室，依照实际情况形态各有不同，有的自带起居室，有的从淋浴间可以直面山景。南侧的山坡同建筑自然围合成一个小的开放空间，设计师把这里设计成一个私密的休憩平台，原有的山石被保留在平台中央，成为视觉焦点。原有的结构柱梁被暴露在室内，即作为装饰，也受到新建的外部维护结构的保护，不受风雨侵袭。新加的钢结构雨篷构成的檐下空间和从室内伸出的木平台使室内的活动可以自然延展到室外。

意义与成果

与以往传统的单一建筑项目不同，设计师试图探寻一种崭新的商业模型来解决当前中国农村普遍存在的社会问题。一方面，传统的村落年久失修，大量空置农舍破败不堪，基础设施落后。村中的青壮年大多进入城市打工谋生，留下村中大量老人及儿童无人照料。由于这些村落大多地域偏远，农产品不便运出，进一步加剧了当地的贫困。另一方面，城市人又为生活压力和空气污染等因素所困，希望周末能到郊区放松身心，但苦于找不到有品质保障的落脚点。

设计师的模型是在村子里面找到空置的房屋，通过设计，用最短的时间和最低的成本达到一定的居住品质，之后培训当地的农民做客房服务，并由专门的团队根据当地的农作物开发出餐饮菜单，最后利用互联网平台进行销售。销售的75%归当地农民，25%覆盖这个服务平台的成本。设计师在一年的时间里已经完成将近40个院落的改造，改造时间大概不到两个月。利用当地材料和劳动力极大地降低后期的运营成本，而将收入的大部分分给当地农民，使商业模型变得稳定，同时吸引越来越多的农民愿意将手中不用的房屋提供给设计师，并进行合作。已经开放经营的院落销售情况火爆，农民管家的收入远远超过他们进入城市打工的收入。这使很多本村的青壮年劳动力开始返回村子，加入改造，从而间接地解决很多社会问题。

黄土上的院子

——设计现代化的『土』房子

地　　址：陕西省渭南市李家沟村
竣工时间：2016 年 12 月
设计单位：hyperSity 建筑工作室
设计主创：史洋、黎少君
建筑面积：275 平方米
摄　　影：hyperSity 建筑工作室

鸟瞰模型

背景

项目地点在陕西省渭南市李家沟村的山沟里。村子呈现出中国西北地区典型的乡村面貌，黄土高原、千沟万壑、民风淳朴，建筑形式以传统的窑洞为主。

场地与问题

改造前的院落是一处破旧的传统窑洞民居，大概建于 30 年前。主窑位于整个院落的最北边，面积大概有 50 多平方米，进深 11 米，高 4 米，覆土 1.5 米，是一家人主要起居、生活的场所。另外有三孔侧窑位于西侧，面向东面采光，曾经作为孩子卧室与储藏间来使用，现在已经完全坍塌不能使用。正如传统老式窑洞，院子里并没有厕所和厨房。虽然具有冬暖夏凉的优势，但是同时有阴暗潮湿的弊端。一家人的生活起居完全被杂糅到一起，没有隐私。这些都是在新的设计中亟待解决的问题。

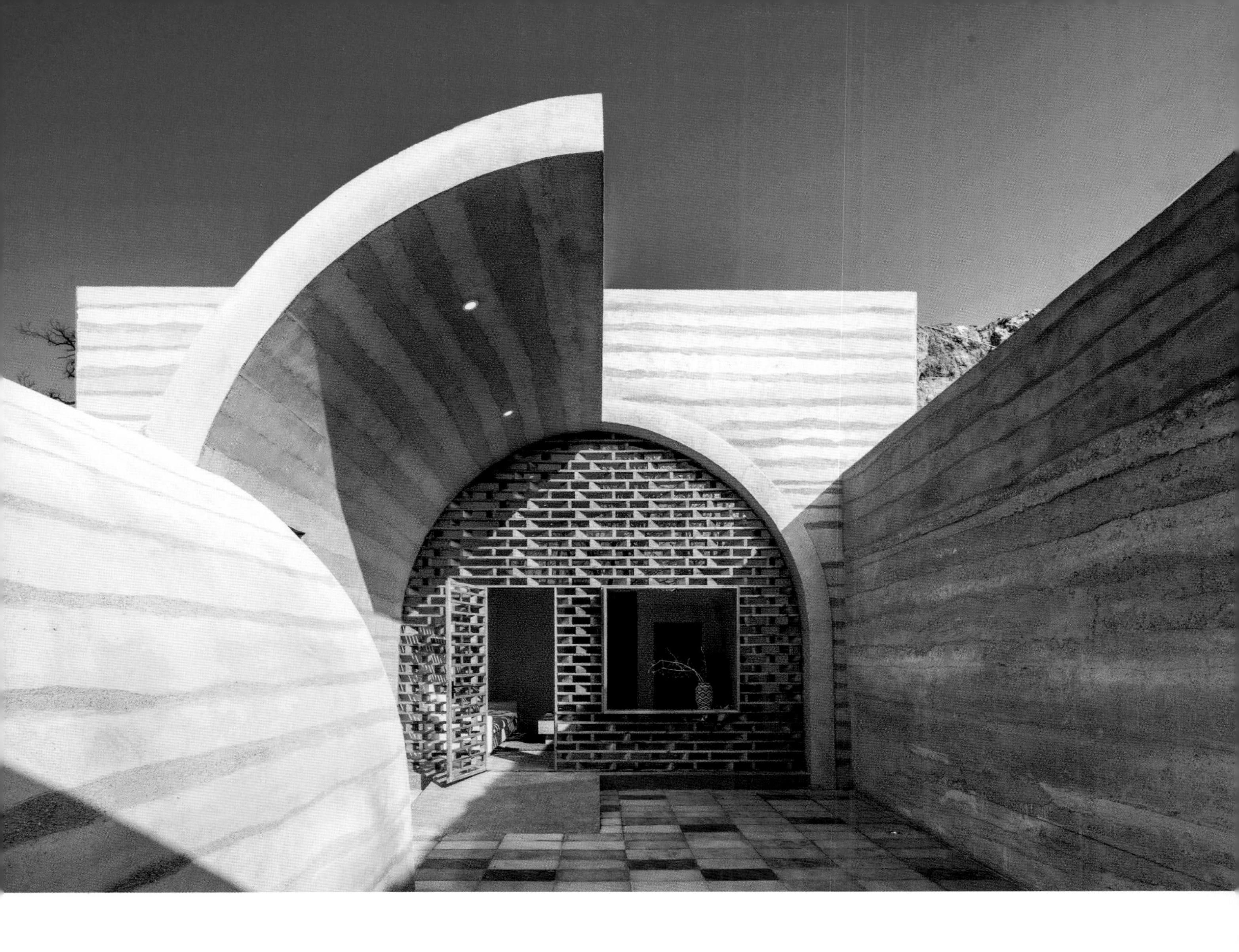

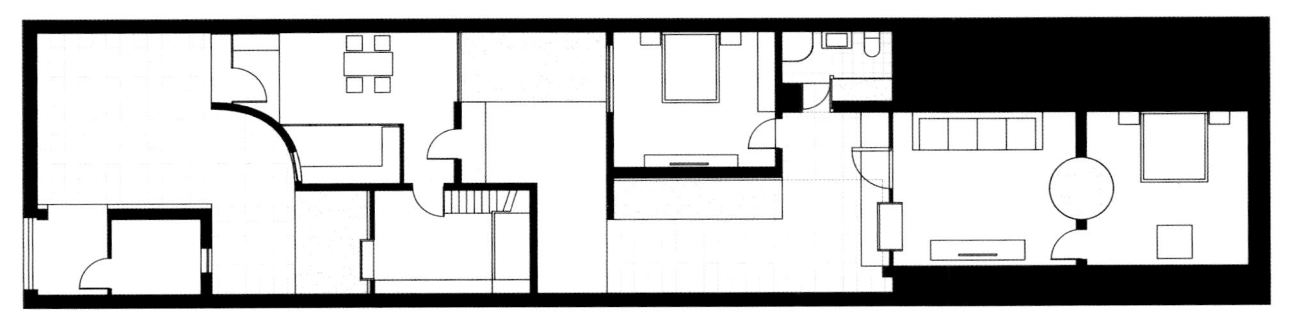

一层平面图

功能布局

改造策略是在满足完善一家人未来生活需求的情况下，提供尽量多的人与自然相接触的机会，让生活起居空间里处处都有阳光，处处都有景观。在为一家人提供更多元化的共享空间的同时，也为每一个人创造独立的私密空间。

在改造过程中，建筑师按照现代化的空间布局与设计手法，将整个院落进行结构性的调整，将原来东西朝向的三孔侧窑拆除，新建三个房间，通过错位的手法将其全部设计成为南北朝向，保证每个房间都有良好的通风、采光。将原先院子里的主窑保留，这部分也是现有建筑中唯一可以保留并继续使用的空间。

在新的设计当中主窑分为前后两部分，后半部分继续保留，作为奶奶居住的卧室空间，前半部分作为一家人起居的客厅。在主窑正中间穹顶的位置开了一处直径 1.5 米的采光井，将自然采光与通风引入室内。主窑的窑面设计成为大面积的玻璃幕墙与木格栅，保证客厅内一天中都有充足的阳光。主窑外侧的半拱形雨篷，完全结合传统窑洞的空间形式，不仅起到挡雨的功能，而且在冬天还能阻挡关中地区凛冽的西北风，在夏天遮挡强烈的西晒阳光。

在新的院落布局当中置入 5 处庭院景观，分别为前院、中院、后院与 2 处天井。5 处室外景观与房屋错落穿插，借鉴传统中国园林式的曲折路径，在视觉上与心理上拉长扩大院子的空间，改变原先院子只有一条窄窄的走廊作为交通空间的尴尬之处。考虑到陕西雨水较少的情况，新的建筑延续采用传统窑洞平屋顶的形式。大面积的屋顶展开面，在秋天的时候可以作为晾晒粮食的场所，成为整个建筑的第五立面。

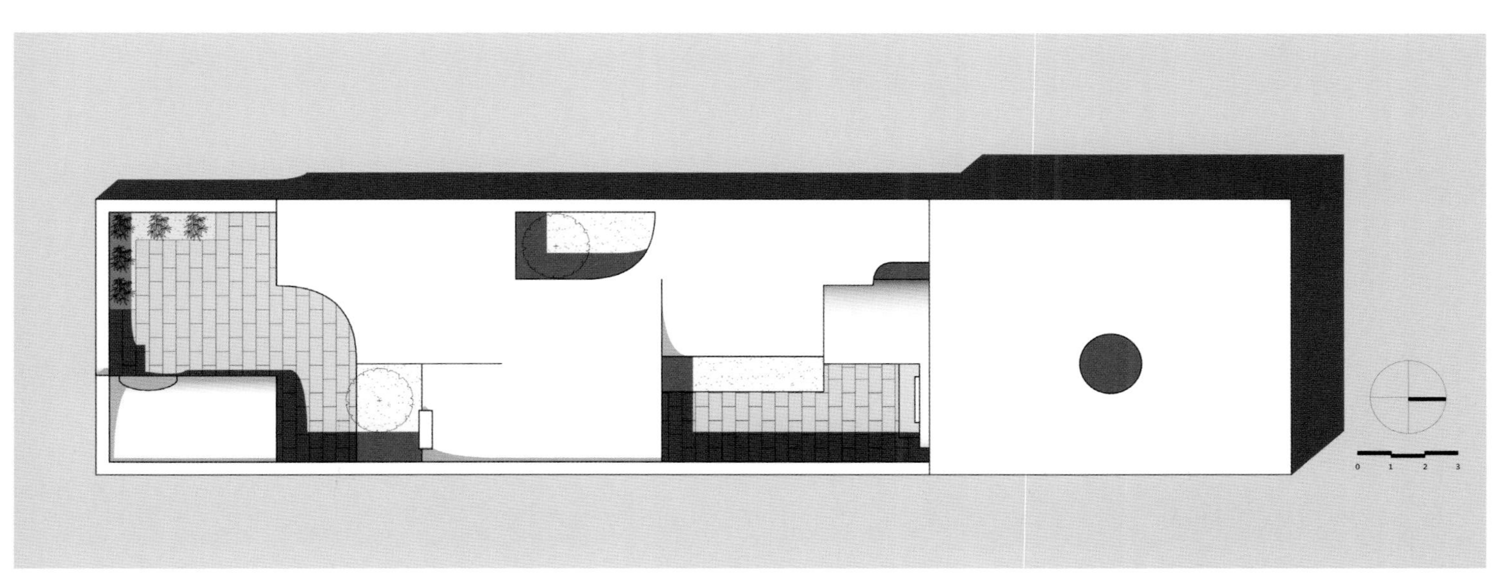

屋顶平面图

设计生成图

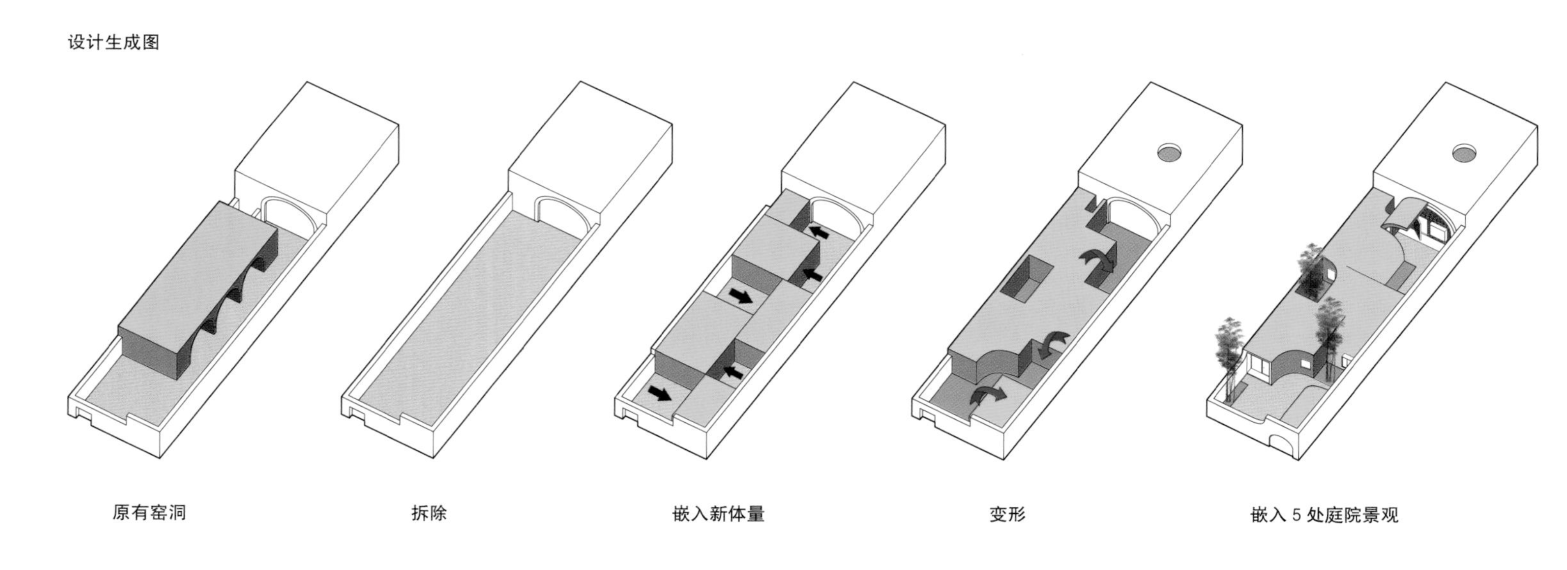

原有窑洞　　拆除　　嵌入新体量　　变形　　嵌入 5 处庭院景观

现代与传统的融合

在整个建筑空间设计过程当中，建筑师非常注重新建筑与当地环境的融合。在空间体量方面，新建筑被严格控制在原先建筑的平面红线与高度范围之内，没有任何突兀感。在空间语言方面采用延续当地传统窑洞拱形的空间元素，并进行解构与重塑，使一个完全现代的新建筑能够与历史形态和传统记忆产生联系。

在关键的材料选择方面，新建筑墙体采用传统的夯土技艺，就地取材。夯土中的黄土是选自山顶的黏土，与山下的碎石石渣混合而成的，这既节省成本，又令建筑更具当地特色。这样的做法使这个建筑所呈现出来的效果只能出现在这个村子里，可能到了隔壁村子，因为土与岩石的颜色不同，就会呈现出不同的面貌。最终的结果就是设计一个完全现代化的，甚至有点超前的当地“土”房子。

金台村重建项目

——现代化农村生活的研究和挑战

地　　址：四川省巴中市南江县金台村
竣工时间：2012 年
设计单位：城村架构、香港大学
设计主创：林君翰、Joshua Bolchover
设计团队：Ashley Hinchcliffe、黄稚沄、叶倩盈、Eva Herunter
景观设计：邓信惠、香港大学
建筑面积：4000 平方米
建筑造价：1200 元 / 平方米
摄　　影：城村架构

背景情况

金台村位于四川省巴中市——5 · 12 汶川地震受灾严重的地区之一。2008 年的这次地震导致近 500 万人无家可归，据估计受灾区有 80% 的建筑受到不同程度的毁坏。灾后重建迅速地展开，然而 2011 年 7 月，一次大雨过后，山体滑坡侵袭了金台村，许多刚重建好及正在重建的房屋受到了再次的毁坏。此外，当地居民也不会再得到任何资助和援助了。在当地政府和非政府机构的支持下，此项目为震后重建提供了一个在社会、生态层面上都富可持续性的房屋原型。

总平面图

功能与特点

重建项目包括 22 栋房屋和 1 个社区中心。设计师为村民提供 4 种不同的户型，它们在面积、内部功能和屋顶剖面上各异。这展示了如何使用当地材料、绿化屋顶、沼气作为再生能源以及饲养家畜、家禽的空间等概念。设计师通过垂直的内庭院提升室内采光和通风环境，并为雨水收集提供通道。设计师同时也考虑到芦苇湿地净化废水和村民合作社饲养家畜等问题。通过将农村生产生活的不同环节连接成一个生态循环，提高人们环境保护的观念，将这个村子转变为周围的榜样。因为当地适合建房的土地有限，金台村的设计师将城市的密集居住模式应用于乡村的环境里，屋顶为农户进行自给自足的种植提供场地，而地面层的开放空间允许他们开展简单的家庭作坊。这个项目一方面试图保护村庄的共同利益，另一方面为反思现代乡村景观提供了契机。

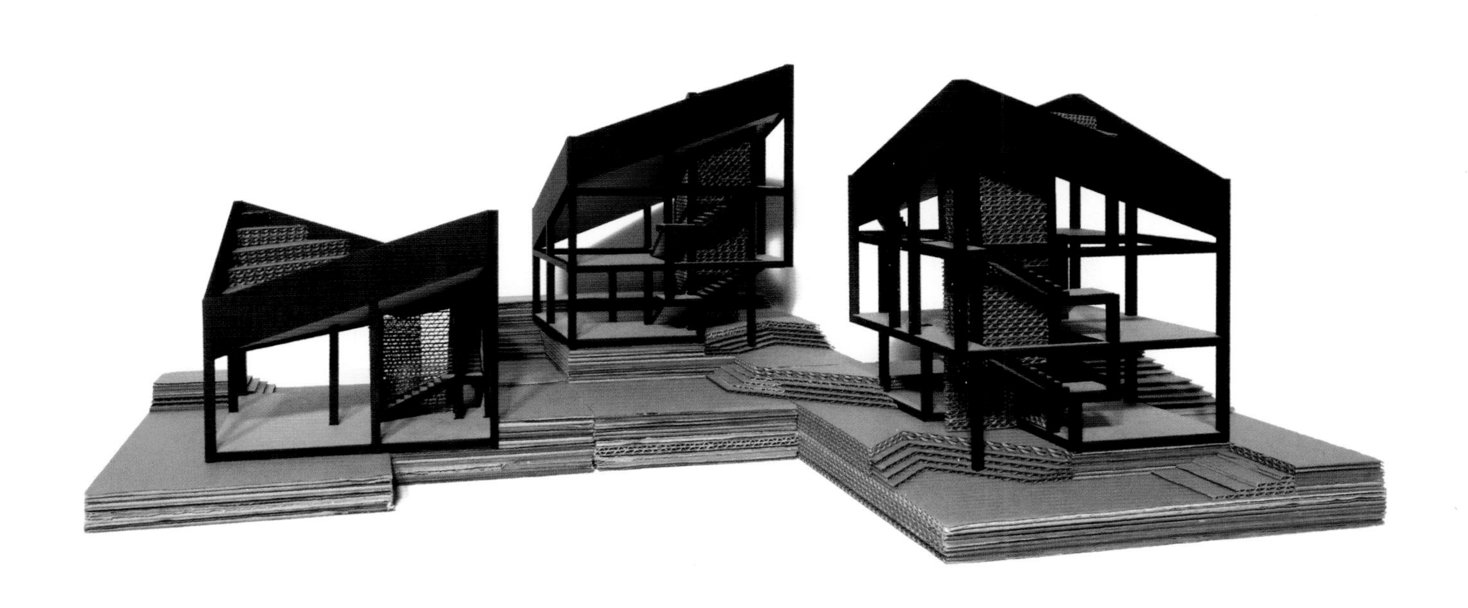

模型图

项目本身就是一个针对现代化农村生活的研究。2008 年地震以后，成千上万的家园已经完成重建。在此语境下，此项目是一次对乡村规划美学，以及如何使居民与自然环境的关系衍生成其空间组织与物理环境的挑战。

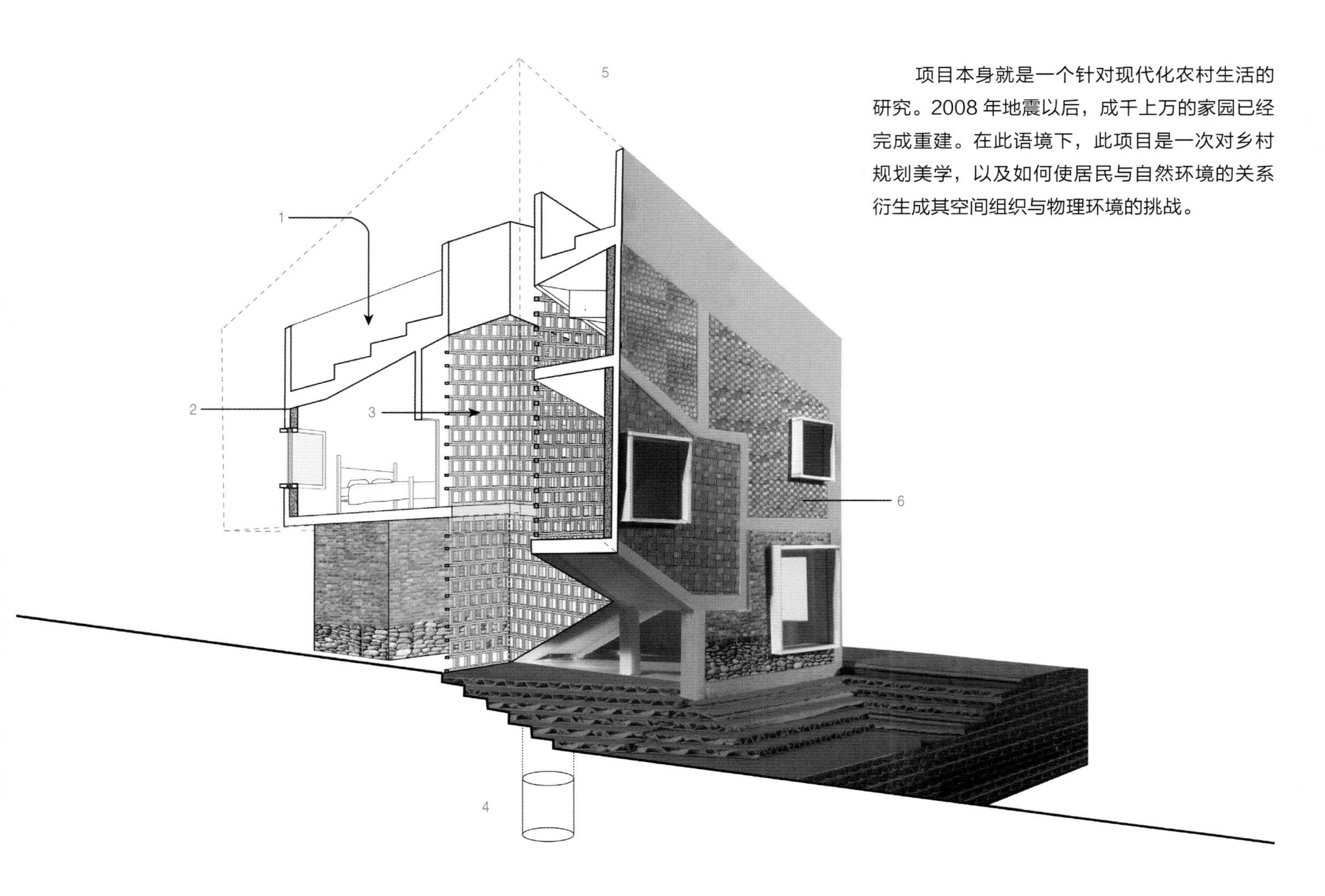

外墙剖面图
1. 绿色屋顶还可以用作休闲和储物空间，可用于干燥作物、社交和种植花草
2. 外墙是砖的组合，里面有一层压缩的稻草和灰泥。稻草是一种很好的导热材料，能使建筑物全年保持温暖或凉爽
3. 幕墙通风
4. 绿色屋顶将雨水收集到幕墙后面的通道中，并直接进入地下储存的水道
5. 屏风墙从庭院一直延伸到屋顶，让光线涌入房间，同时在夏天帮助冷却和通风
6. 外立面由砖块填充到混凝土框架结构中。每个部分都有不同的图案、纹理和结构，可以反映内部状况

舟山云海苑

——『新』与『旧』的理解与共存

地　　址：浙江省舟山市嵊泗县黄龙乡小黄龙岛东咀头村
竣工时间：2017 年 7 月
设计单位：空间进化（北京）建筑设计有限公司
设计主创：关天颀
设计团队：高亢、于浩、刘少华、韩越、于宏业
景观设计：空间进化（北京）建筑设计有限公司
建筑面积：265 平方米
摄　　影：章勇、杨建平

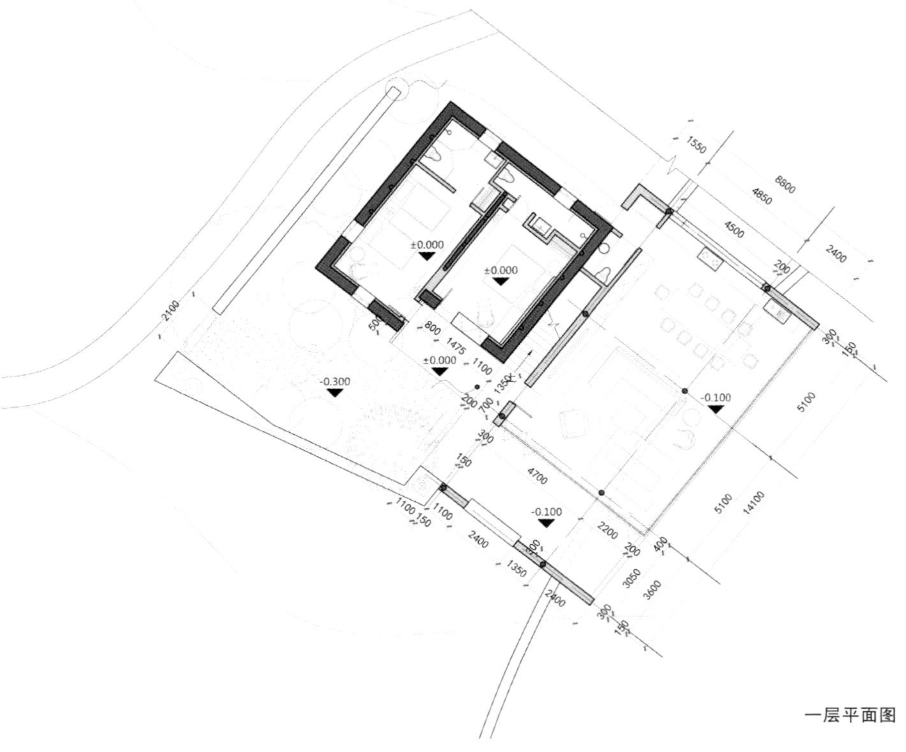

一层平面图

在舟山群岛的一个小岛的村落里，70% 的房子空心化，岛上民居由当地石材建造，结构完整，坚固结实，屋面由于当时建造技术与材料的条件限制，部分坍塌。海边有两个空置近 70 年的房子，上下标高 4 米左右，朝向面南，山墙为东西方向，面对大海，以此抵御海上台风的侵蚀。

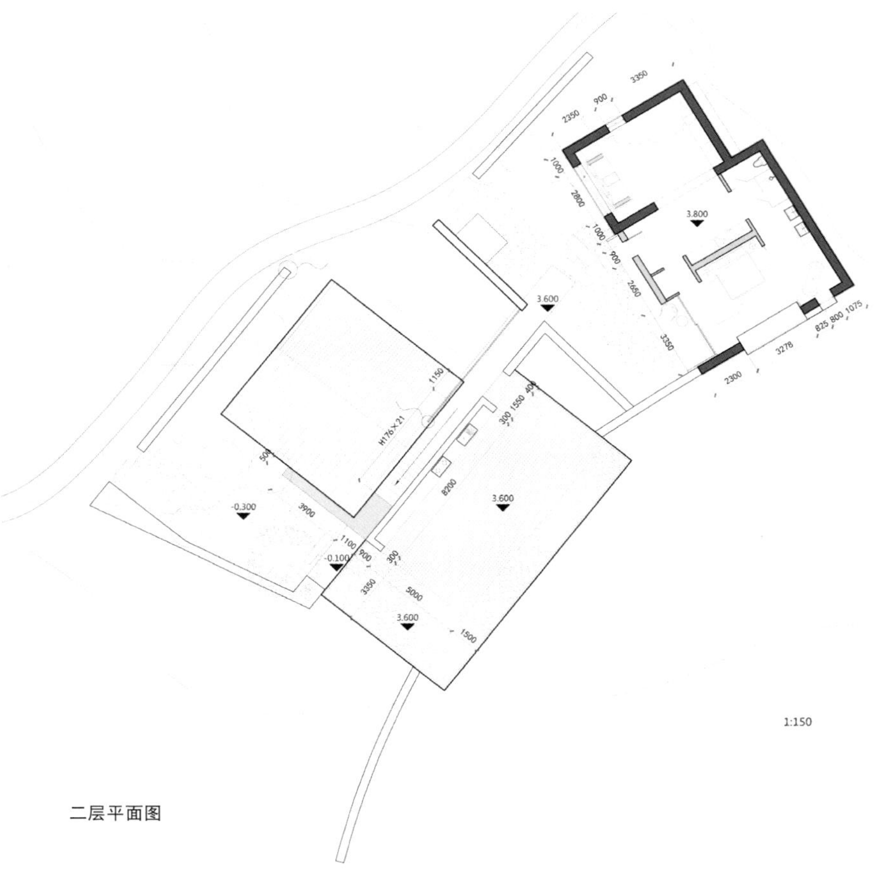

二层平面图

因为有两个很“结实”的老房子，设计过程从室内设计开始，用仅仅三五天的时间考虑建筑、室内、景观以及各个空间设计的均衡，建造时间仅有四十几天（实效工期为 31 天），如何能符合拍摄要求，还能够经营使用？在这个仅有几百人、各种生活生产物料依赖大陆的海岛上，选择适宜的建造方式，是设计师考虑的重点。

场地高低错落，海景风光如画，设计师的想法一直围绕着如何把海景引入室内，设计师一直关心着房子里的人如何多角度地“看景”，对于房子长成啥样，反倒是不太关心。新的房子位于低处老房子的东面，场地里仅有的一块可以用的地方，面向大海，正好弥补原来两个老房子进身开间尺寸都太小、不符合当代的社交空间尺度的硬伤。新房子以钢筋混凝土为主要的结构，结构与空间完整统一，没有过多装饰，用混凝土作为构造与装饰，主要是为了抵御海洋的极端气候所带来的侵扰。

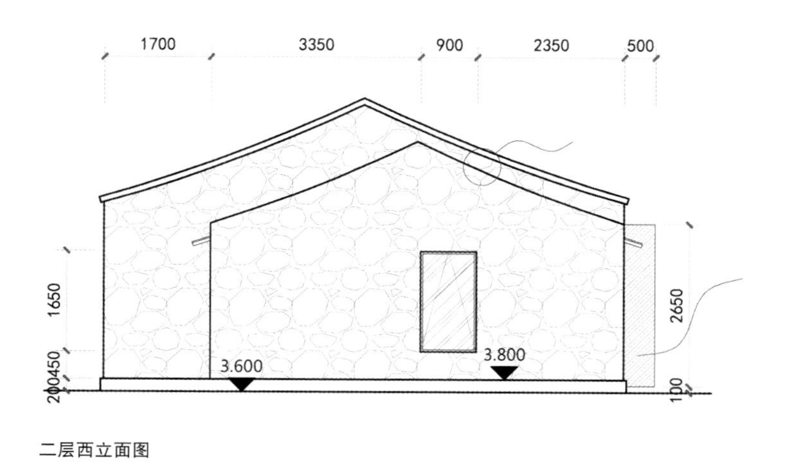

二层西立面图

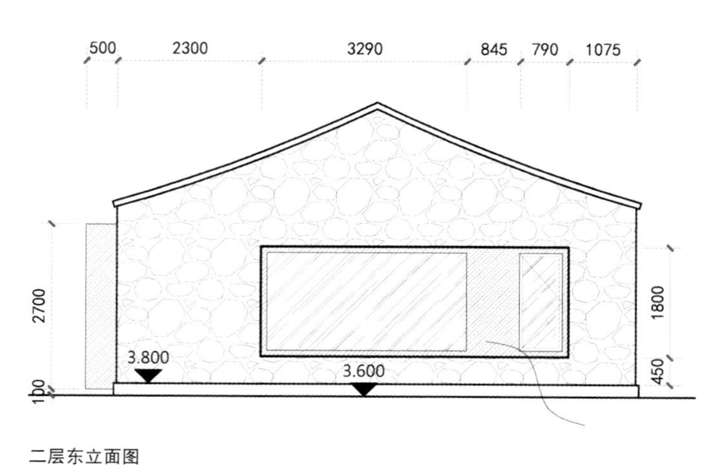

二层东立面图

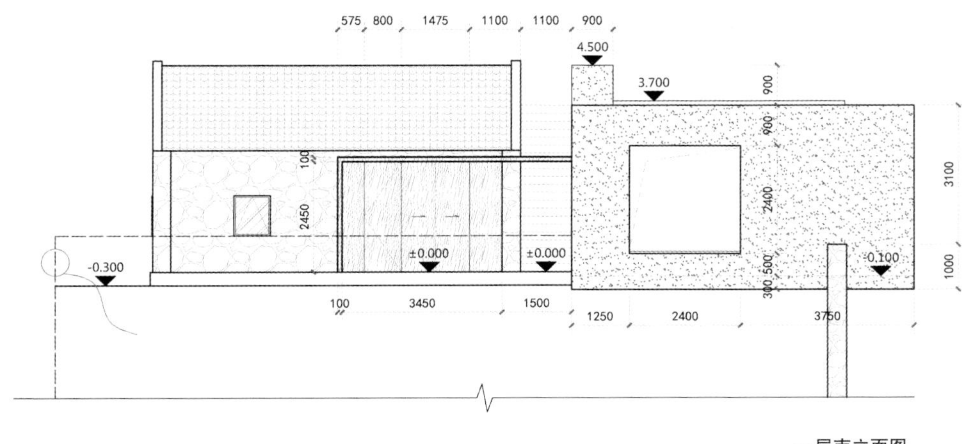

一层南立面图

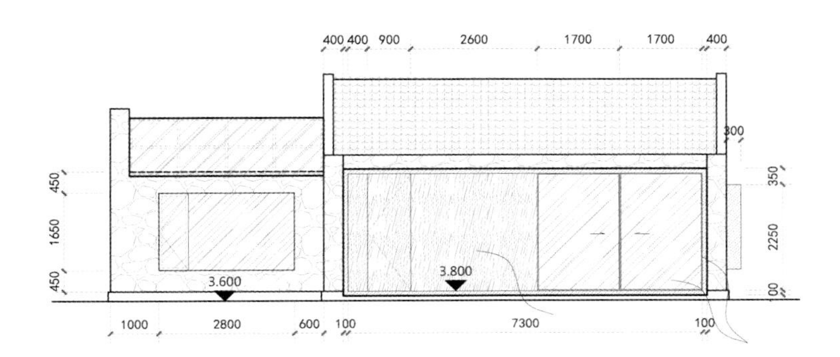

二层南立面图

整个建筑是由 3 部分构成：由两个老房子设计成的卧室，和由后来添加玻璃顶的老厨房改造成的工作室，还有一个新建的面朝大海的钢筋混凝土“盒子”。上下两个庭院，上坡主人房与下坡两间客房分开，以新建“盒子”的空间为纽带，作为共同的社交居家空间！

场地中“新盒子”是低调的、退后的，面对老房子近 70 年的“岁月积淀之美”，面对绝佳的自然景观，新添加的任何元素都显得多余与无力。所以新房子选择了“忘我”，尽量表达出尊重含蓄，并没有很多炫耀的成分，更多体现的是温情与敬意！“新”与“旧”之间相互理解尊重，和谐共处，当下的“审美”与旧日的“遗存”融合共荣。

从整体布局来看，岁月使两个老房子与原有村庄融合为整体，新建的盒子在老村当中是毫不起眼的，甚至可以忽略它的介入。从老村步入院落，不知不觉中才会发现这个全新的空间，把 270 度海景的“高潮”留在最后的空间序列中，当然从海上看过来，那是个全新的、面向当下与未来的肌体……

这是个建筑改造设计项目，而不是单纯的室内空间改造项目，建筑设计师考虑的问题可能是注重公众性——场地、环境、人文……要把建筑、结构、机电、室内、陈设、景观各专业协调好，60 天的设计与施工周期（建造时间是四十几天）是个巨大挑战，设计之初就要充分考虑技术、材料、工艺实施的可行性及完成度……

人们现在关注的建筑大多有宏大叙事的主题，很多毫不起眼的房子与人们的生活息息相关，大多数人却又“视而不见”，身边的很多公共建筑的 200 米视线观感还好，但往往在 20 米、2 米的尺度内粗糙很多。同时，人们又太过关注建筑本身的好看与否，忽略建筑所处的环境，这可能需要我们的房子要单纯、低调、含蓄，可能不需要那么的个性鲜明。

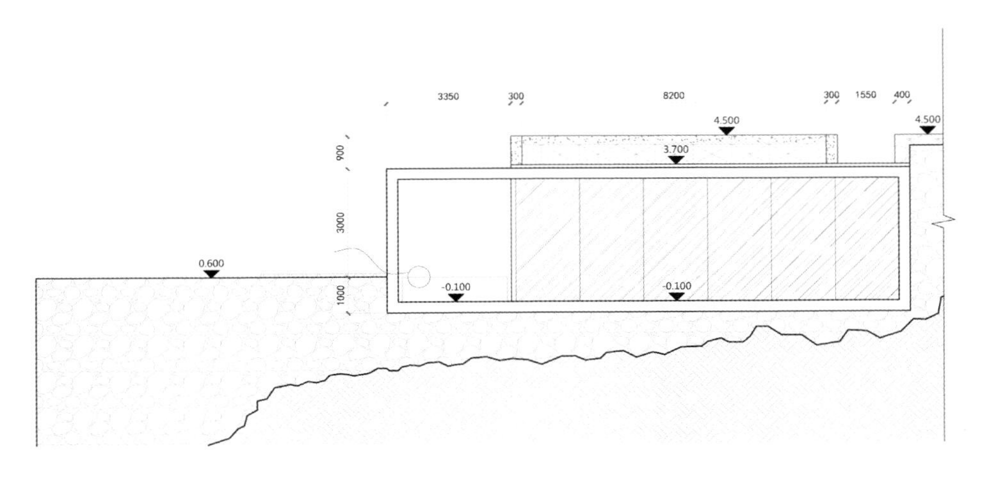

东立面图

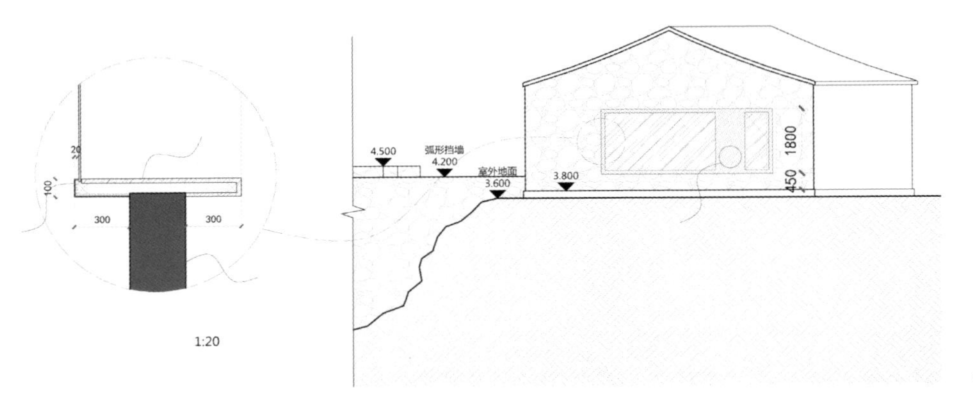

二层凸窗示意图

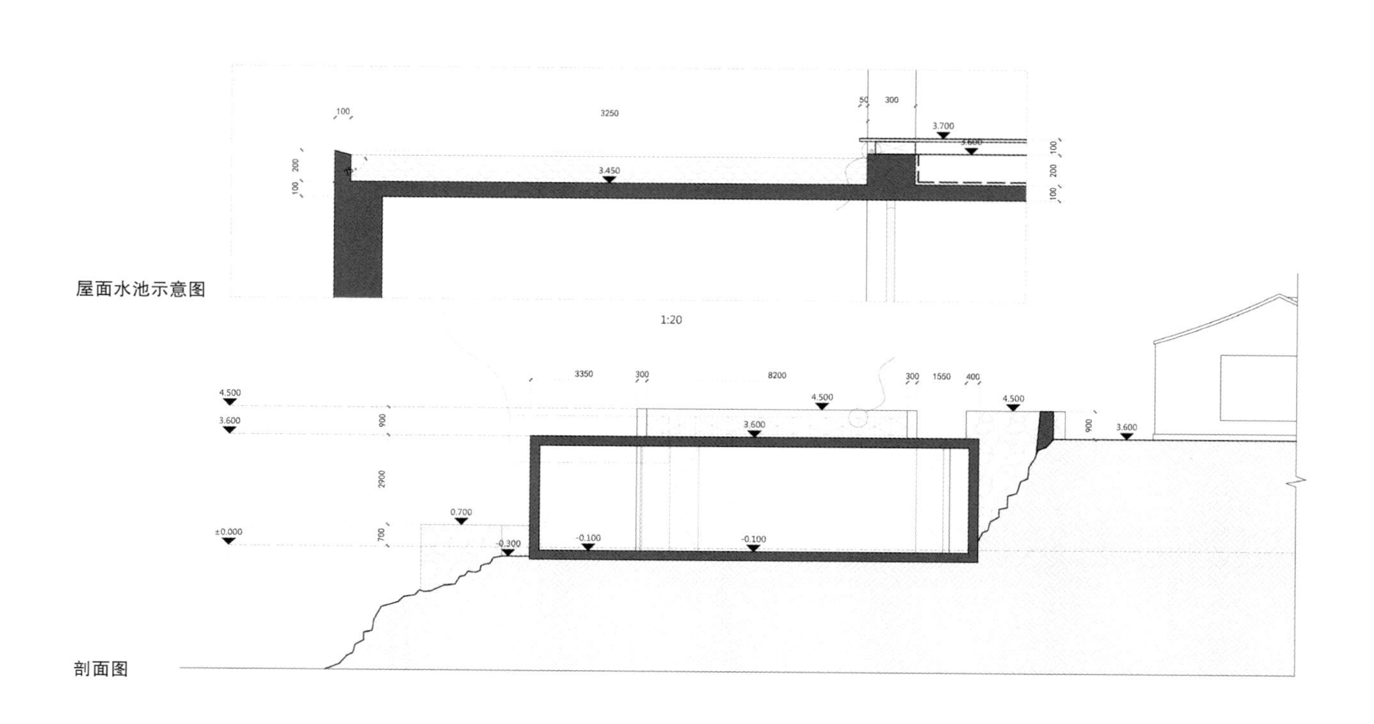
100
3250
50
300
3.700
3.600
3.450
100
200
100
1:20
3350
300
8200
300
1550
400
4.500
3.600
900
2900
700
±0.000
0.700
-0.300
-0.100
-0.100

屋面水池示意图

剖面图

长城边的住宅

——侧漏的院落

地　　址：河北省张家口市怀来县

竣工时间：2018 年 4 月

设计主创：金磊

设计团队：金世俊、杨志才、朱振军、李开路

景观设计：金磊

建筑面积：229 平方米

摄　　影：金磊

场地与环境

建设地点位于中国北方的小山村，这里作为明清两代的守京要驿，是明代重要的长城关口，长城沿村而建，气势恢宏苍古。房子就建在村落最北端，地势最高，紧靠长城，俯望全村，对看重山。房主希望在原有住宅基础上进行扩建，让大家喜欢上这里。

剖透视图

摇摆的策略

场地里原有四开间瓦房一栋，建造于 20 世纪 80 年代，保留这间房子是大家的共识。40 年前的建造逻辑质朴实用，大瓦房居中建造，离北长城 4 米，以策安全，距南边邻居 10 米处种杏摘梨，原本平实自然的选择，却给扩建带来一场纠结。

老房与南边界的 10 米用地原本应很自然地作为扩建用地，但有两点让建筑师纠结不已：一是有限的用地进深难以舒服地摆下新屋与庭院，二是场地优点本在于地势高，南侧添屋难免丧失了俯望全村的视线先机。辗转几十轮的方案推演后，建筑师决定用一处侧漏的院落回应场地的两难。

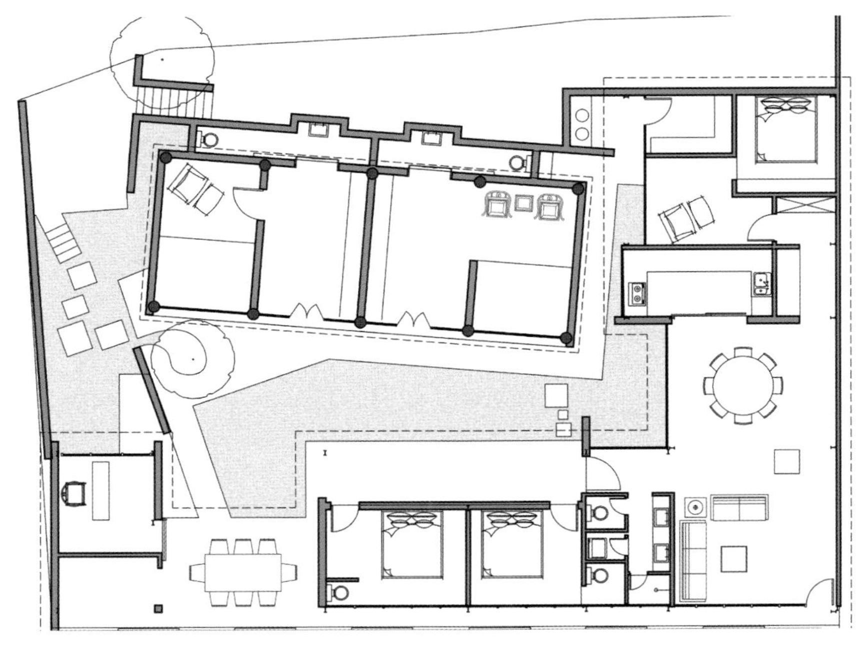

平面图

粗放的操作

老房已经破败不堪，需要修整，修整方案是修旧如旧地落架上瓦，筑墙雕窗，唯一新生的干预出现在四开间房子的正立面中间，将原有的木作立面改为窗下砖墙，以求掩饰双数开间导致的中柱对称。

老房北侧与长城间 4 米的距离被利用起来，增砌三七新砖墙挡土，新墙与老房后墙的间隔成为新增的卫生间，补充老房缺失的建筑功能，卫生间为斜向玻璃屋顶，方便如厕观星。

老房南侧的 10 米空间尤其珍贵，需要用来精心布置扩建的新房，同时得到一个新生的内庭院，院落视觉感受较为狭长，新房朝向内庭院的一侧设檐下室外游廊，游廊尽力占宽，以容纳更多在内庭院中的室外生活。新房的两间卧室拥有南侧的视野和采光优势，并由游廊串联。

新生的内庭院虽然给人带来安逸内向的空间感受，但遮挡了院落中俯瞰全村的视线，于是设计师将南侧新房中的一开间完全打开，形成敞轩，让院落在此处侧漏，在一定程度上谋求两全。

在整个新建部分朝向村落的立面上采用可开合的玻璃钢格栅进行覆盖，提供遮阳的同时避免连续的玻璃界面生硬地出现在山村最高处，格栅系统可以自由翻折，构成不同的立面状态。

乡伴余姚木屋部落

——四明山麓中的圆形木屋

地　　址：浙江省余姚市鹿亭乡中村
竣工时间：2018 年 4 月
设计单位：Monoarchi 度向建筑
设计主创：宋小超、王克明

建筑面积：80 平方米
建筑造价：198 美元 / 平方米
摄　　影：陈颢、宋肖澹

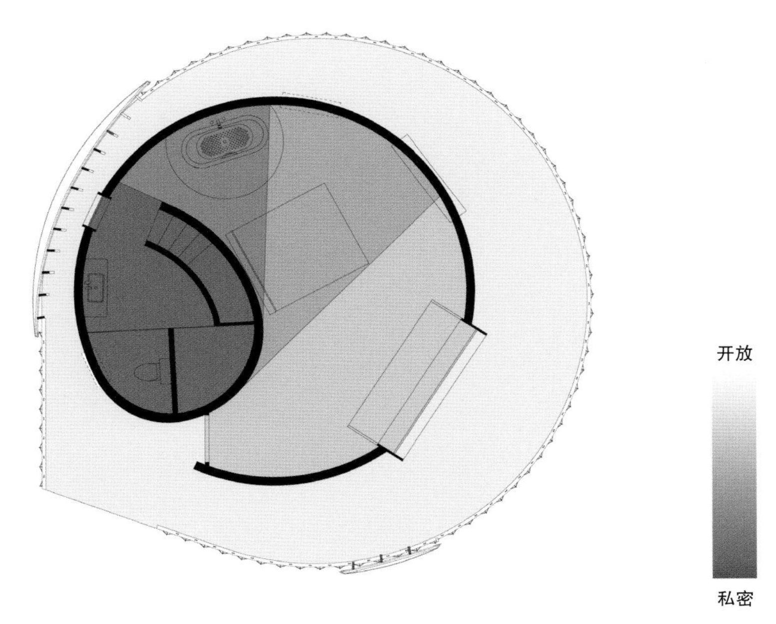

平面示意图

项目概况

项目位于浙江余姚四明山麓的一个人迹罕至的山村之中。村子正处于原始次生林的边缘，一条小河由北至南缓缓流过村庄，把村子一分为二。木屋就位于小河下游的西岸。基地的东西两面双峰夹峙，周边的青翠竹子漫山遍野，生活氛围静谧祥和。

木屋总高约 8 米，大致与一棵成年毛竹等高。木屋分为上下两部分，下部为钢结构承托柱，上部为木结构主体。木屋位于小溪堤坝一侧，周围环抱古树竹林，隔岸与旧茶厂相望，部分露台悬挑于溪水之上，具有漂浮感。钢柱收拢为几个点，落在土地上，尽量减少对周边环境的影响，也获得较为自由的地面活动空间。

平面布局

木屋部分由 3 个非同心圆构成：悬挑在溪边的露台、两层客房以及起伏的屋顶与顶层露台。平面形态是一个简单的螺旋线，外墙环绕一圈融入室内，将盥洗室与步入夹层的楼梯从起居空间中剥离出来。每扇窗户都对应着独特的室外景观，最美妙的就是爬到屋顶之巅享受山涧的自然气息。

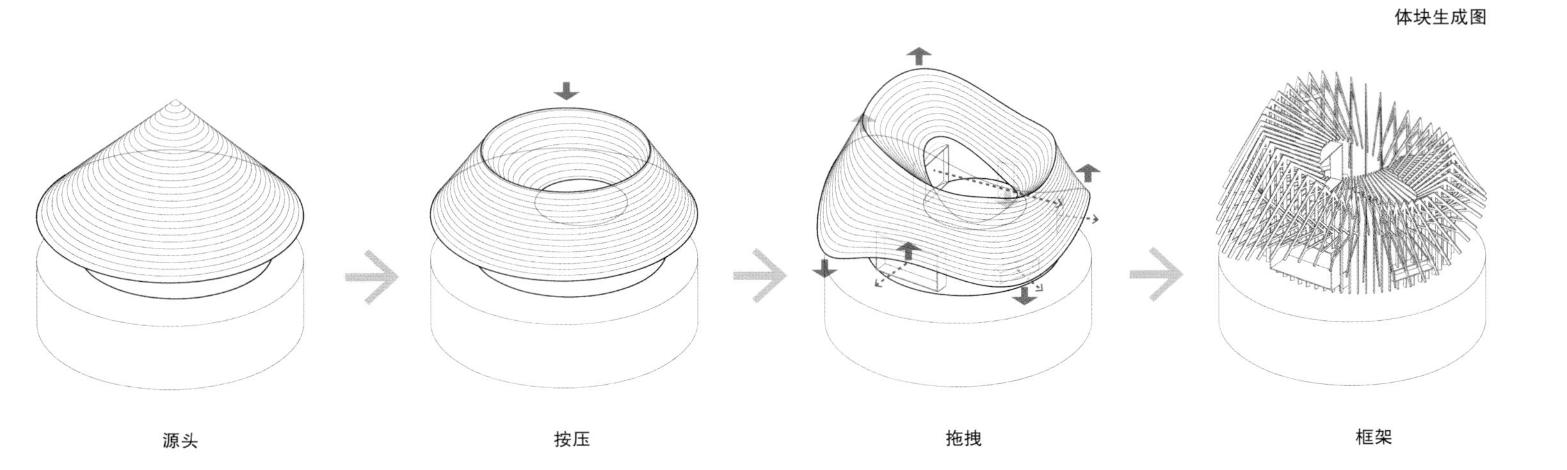

体块生成图

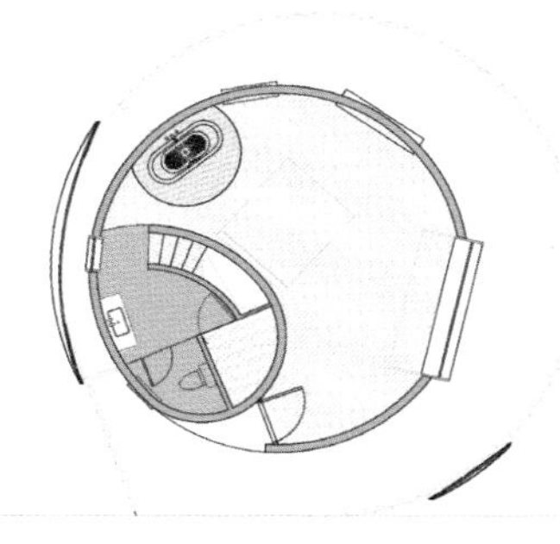
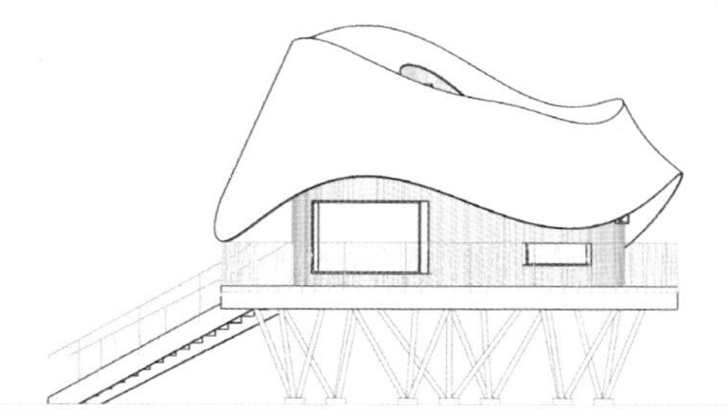
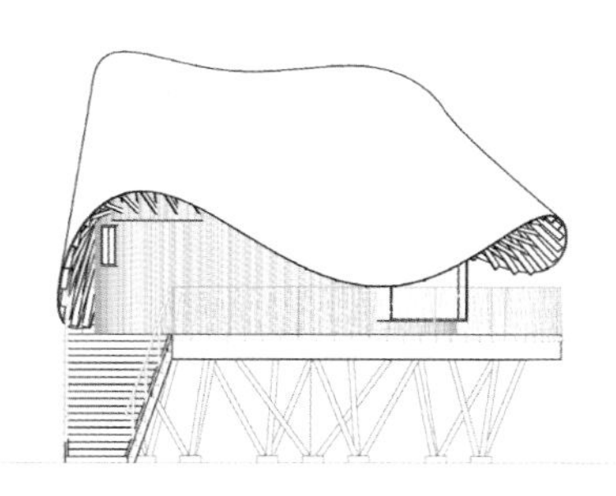

立面图

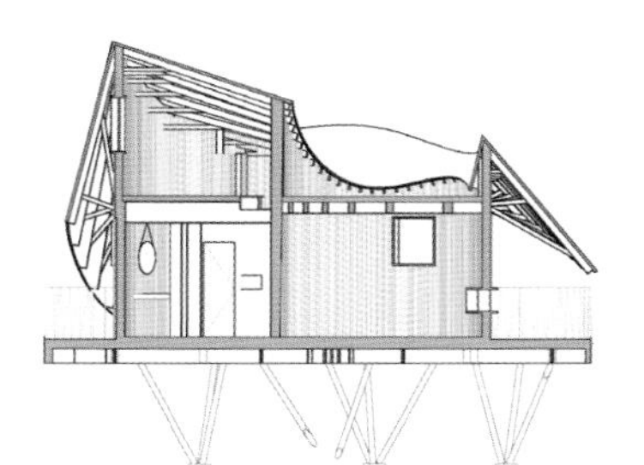
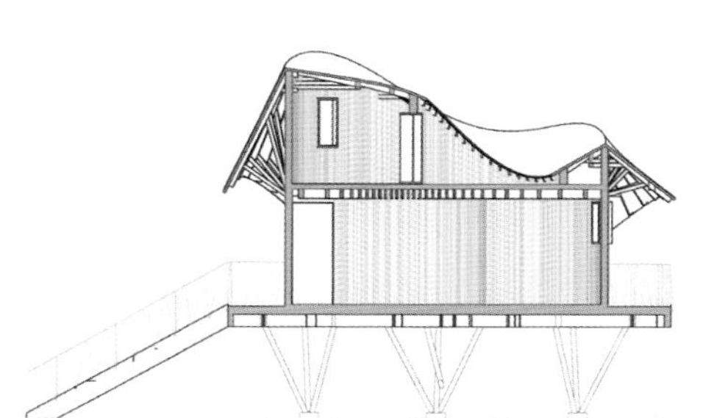
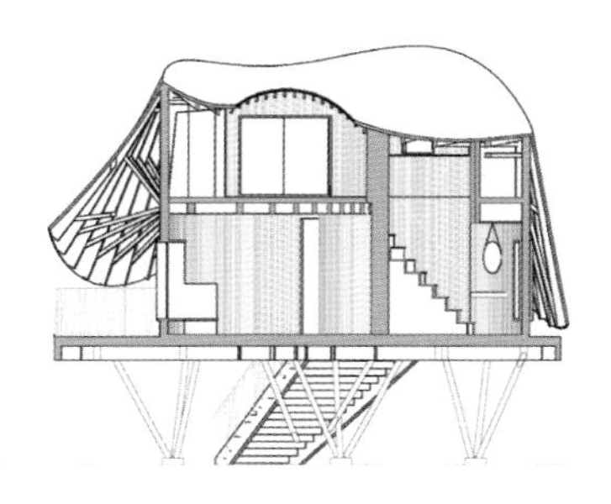

剖面图

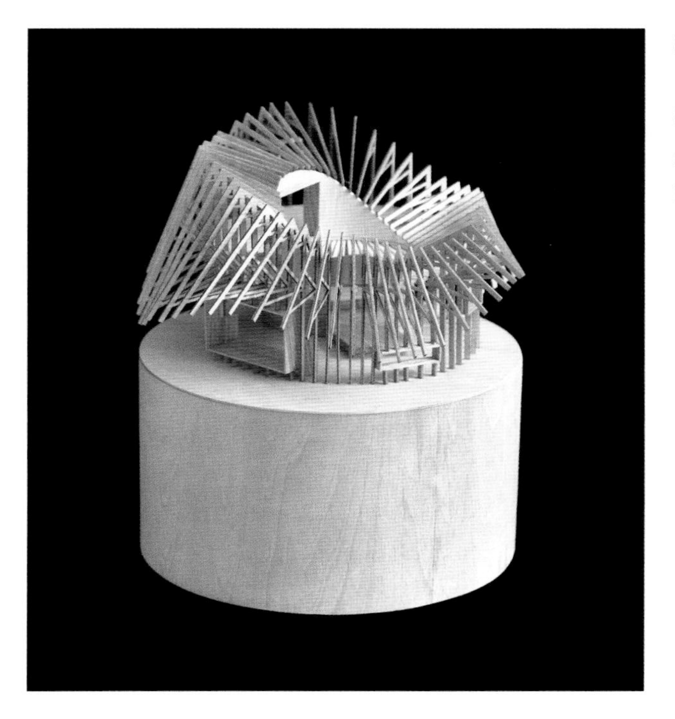

结构特点

57 根渐变的巨大屋架支撑起屋顶与墙体，看似柔软的屋顶勾勒出飘逸的天际线，更多的是利用变化的屋檐将景观从窗框引入房内，同时也保持了敏感空间的私密性。

屋顶功能

传统村落民居的粗放施工工艺有别于标准化的工业化精细生产，飘逸的屋顶并非是建筑师任性的狂想曲，非线性的屋檐具有极高的容错率，可视为乡村建构对自然规律的尊重与服从。在设计与施工的过程中，反复与当地工匠沟通，达到设计形态与当地施工技艺的平衡。

屋顶的变化定义了室内外的视觉交流方式以及私密空间与公共空间的连续渐变图谱，从客人踏入首层露台开始，屋檐围绕露台的空间对应室内的功能，展开 360 度的循环序列：客厅—巨窗—大进深露台—掀开的屋顶成为享受小溪和对面竹山风景的起点；卧室—长条低窗—下压的屋顶提供仰卧的观景模式；开放式浴缸—侧面高窗保持对外的私密性，且满足对景观的向往；盥洗室的入口竖窗完全被屋顶遮盖，在不影响自然通风的情况下保证绝对的私密性；沿着旋转楼梯步入二层空间，围坐在露台前，通过起伏的屋顶看到的是 200 多年的古树；这场居住体验的终点是屋顶围合出的二层景观露台，人们喝茶静坐，享受群山环抱。

聚舍

——『以无限为有限，以无形为有形』

地　　址：广东省佛山市顺德区

竣工时间：2012 年 4 月

设计单位：佛山市中澜装饰设计有限公司

设计主创：李亮聪

设计团队：翁世俊、郭善禧、赵启聪

景观设计：TDH 设计、佛山市顺德建筑设计院有限公司

建筑面积：250 平方米

建筑造价：198 美元每平方米

摄　　影：香港文化影像工作室有限公司

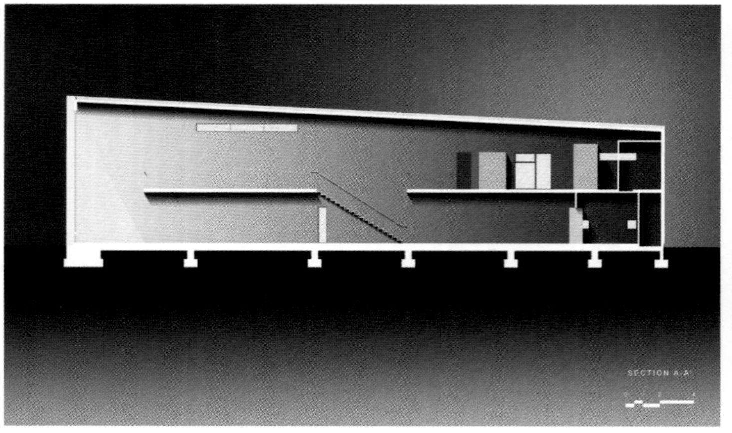

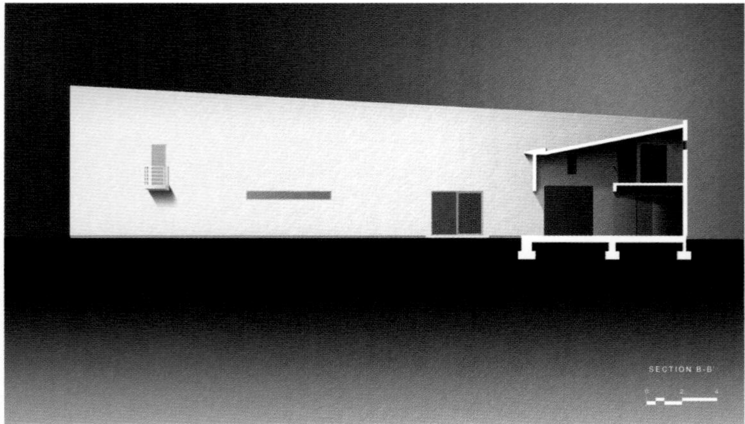

剖面图

空间布局

聚舍位于顺德近郊，处于一面约 9 米高的悬崖之上，选址呈梯形，从西往东扩张，基地总面积 670 平方米，建筑面积 250 平方米。

除了避暑之用，设计师还加入展览的元素，让房子的主人可在画廊里展览已故武打明星李小龙的藏品，如电影海报、剧照等。聚舍因此分为两部分：形态倾斜且伸延的画廊和较为宽敞而沉实的起居空间。画廊门窗的位置都出于采光与视觉效果的考虑，末端一面 8 米高的玻璃窗，引导观者从藏品放眼到窗外的世界，构造视觉由内向外延伸。窗两旁的水泥墙上雕刻着李小龙的名句："以无限为有限，吃以无形为有形。"而从社区的角度来说，由东往西延伸的画廊把悬崖下的旧村落与悬崖上的宁静新住宅区明确分隔开来，在这社区的边界上构筑一个视觉的落点。

沉实的起居空间与画廊内部是相连的，在这里空间的关系较为一体。起居空间包括大厅、饭厅和开放式的厨房，亦可以直通外面的花园。从二楼的睡房主人可俯视一楼的起居空间，在视觉上构成空间的一体性。开敞的花园与修长的画廊形成空间的平衡，在开放性与隐私性的取舍上亦恰到好处。

HE'S BACK

技术考量

项目位于一年四季都炎热和潮湿的中国南方，倾斜的屋顶（宽 0.5 米至 8 米）和侧壁（高 6.5 米至 9 米）组合成圆锥形的内部空间，空间尽头的窗口长 8 米。该建筑造型显著地改善建筑物内部的自然空气流通，从而减少冷却负荷。画廊部分的开窗经小心安排以尽量减少对展品的伤害。现浇混凝土、砖石混合结构的填充墙施工方法进一步加强绝缘效果。

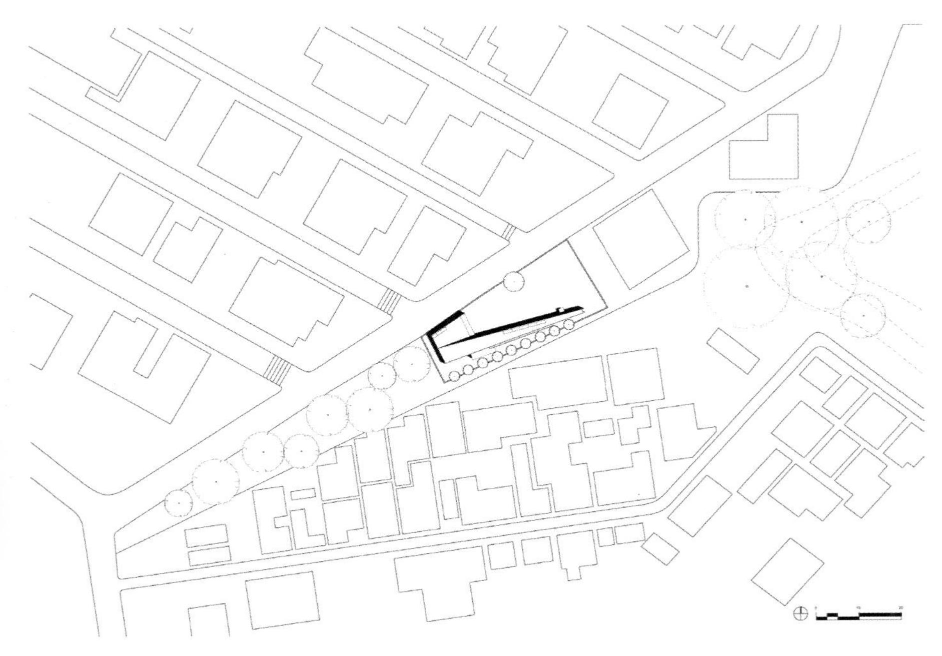

总平面图

FIST OF FURY

BRUCE LEE

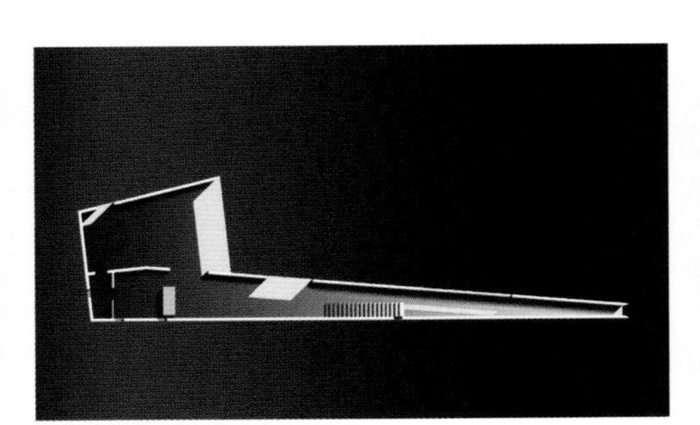

一层平面图

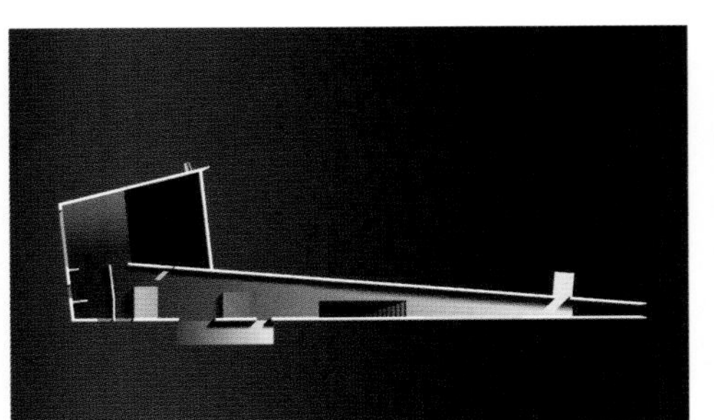

二层平面图

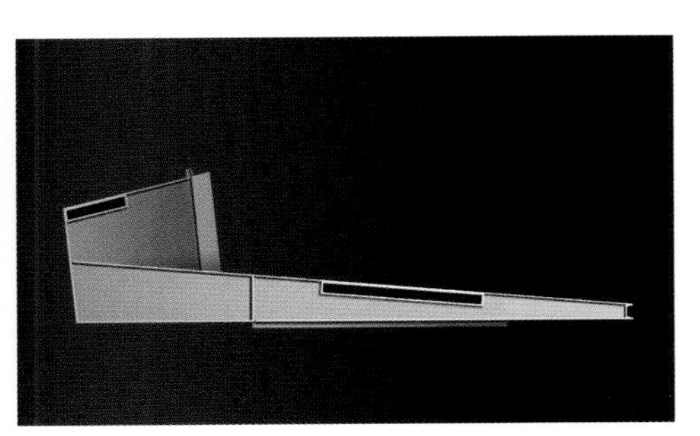

屋顶平面图

BRUCE
LEE
FIST OF FURY

桃舍

——砖石砌筑的新四合院

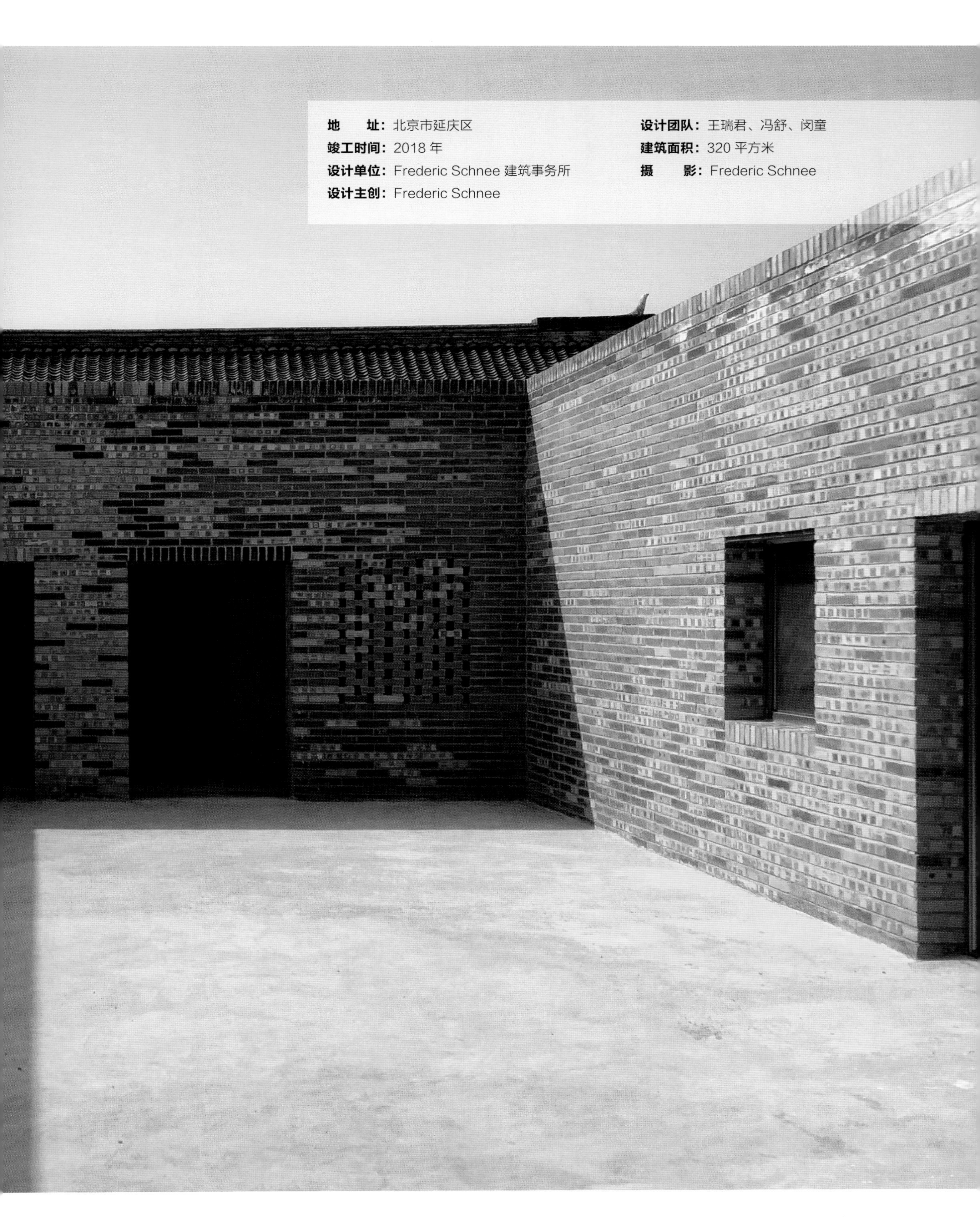

地　　址：北京市延庆区
竣工时间：2018 年
设计单位：Frederic Schnee 建筑事务所
设计主创：Frederic Schnee
设计团队：王瑞君、冯舒、闵童
建筑面积：320 平方米
摄　　影：Frederic Schnee

背景

华北四合院是一种住房形式，是建筑形式与社会、经济、文化需求和习惯长期相互作用的结果。

原建筑立面图

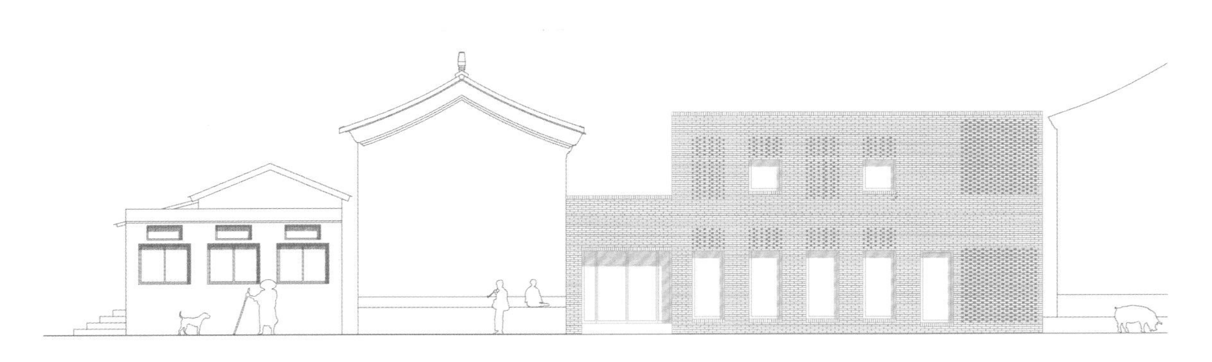

新四合院立面图

扩建部分演示图

1. 正厅建筑——客厅和卧室
2. 临时厨房
3. 东翼——储藏室和卧室
4. 东南角入口大门
5. 南侧翼——储藏室
6. 西侧翼——储藏室
7. 临时性灶棚
8. 西侧翼扩建
9. 第四延伸段
10. 第三延伸段
11. 第二延伸段
12. 杂货店

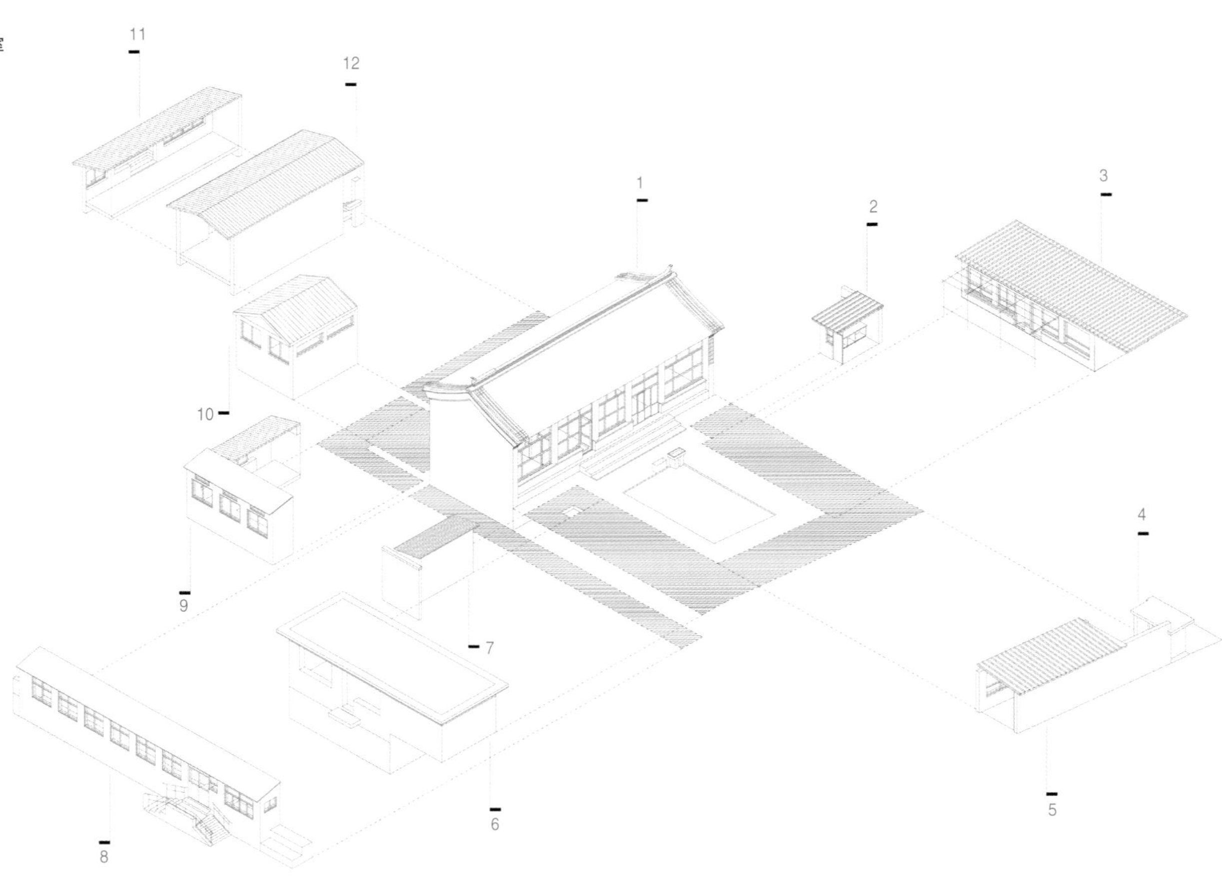

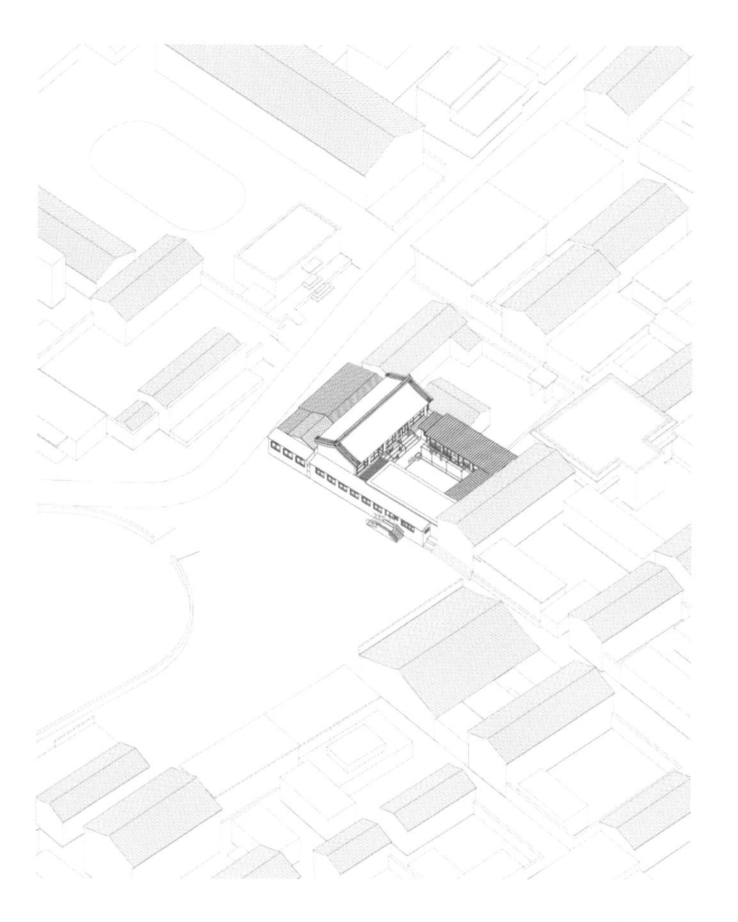

原四合院鸟瞰图

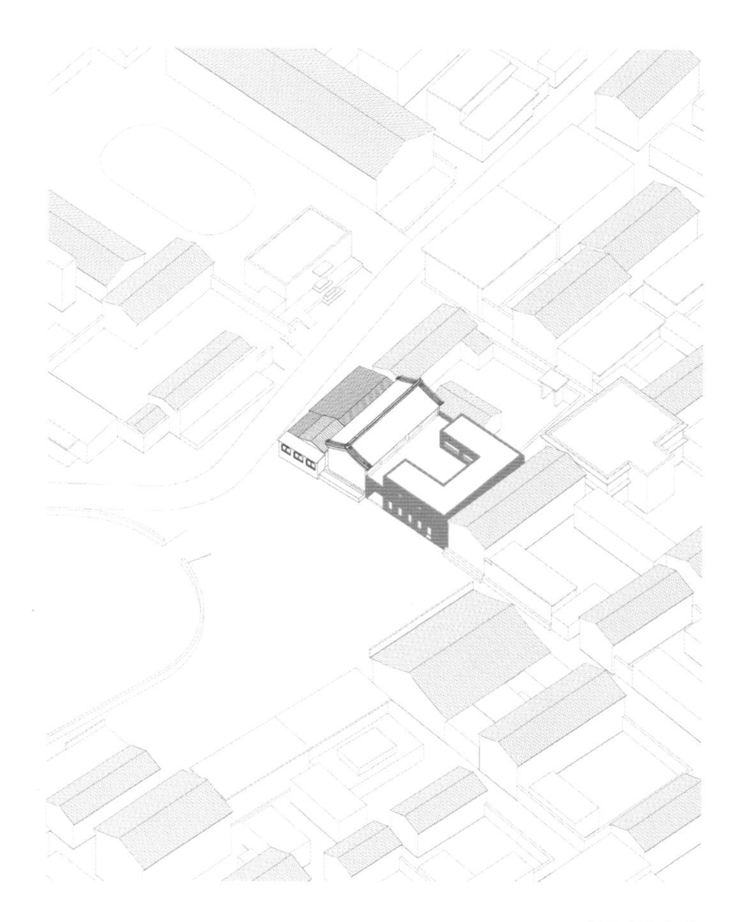

新四合院鸟瞰图

场地研究

建造一个新的四合院的任务需要了解和参与北京农村的生活方式。在设计过程之前，对具体建筑类型、建筑环境、社会和历史背景以及最终新用途的要求进行扩展分析是绝对必要的。在初步研究中，该房旧址及其以前的建筑物通过图形重建进行回溯和记录以了解其布局和功能。从 20 世纪 50 年代开始的时间表揭示了老房旧址和建筑物的不同状态和变化。四合院最重要的特征之一是其适应增长和变化的灵活性。

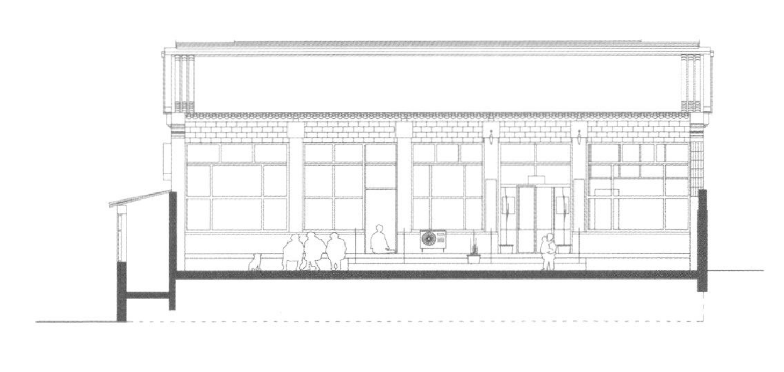

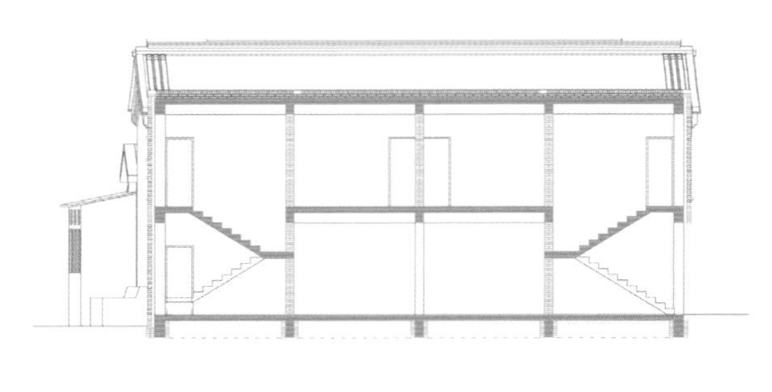

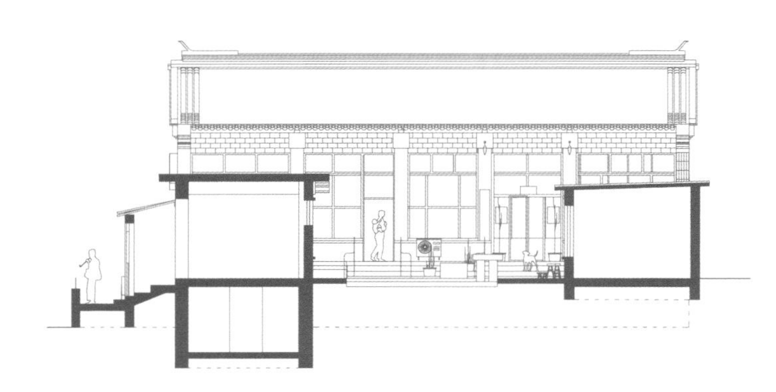

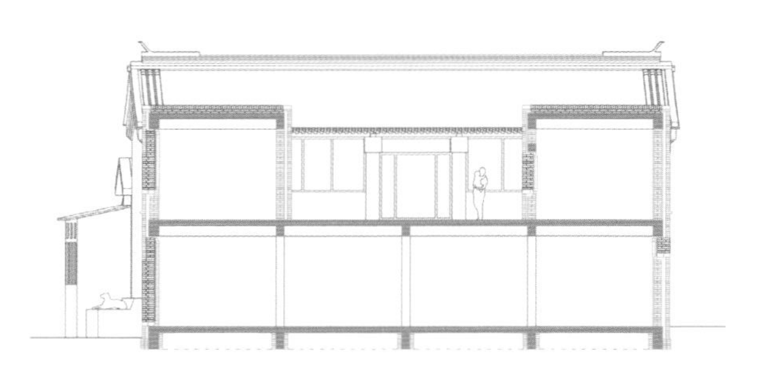

原四合院剖面图

新四合院剖面图

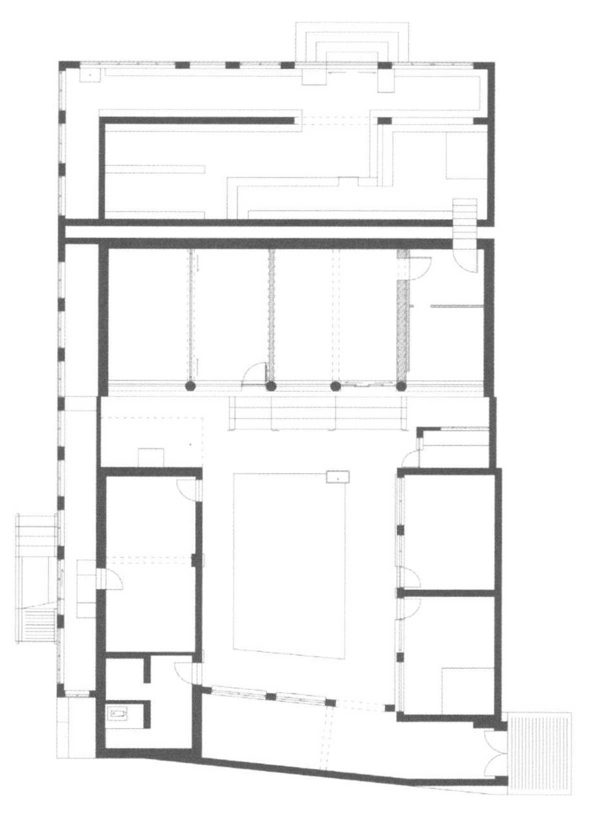
新建筑平面图

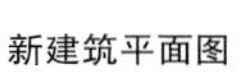

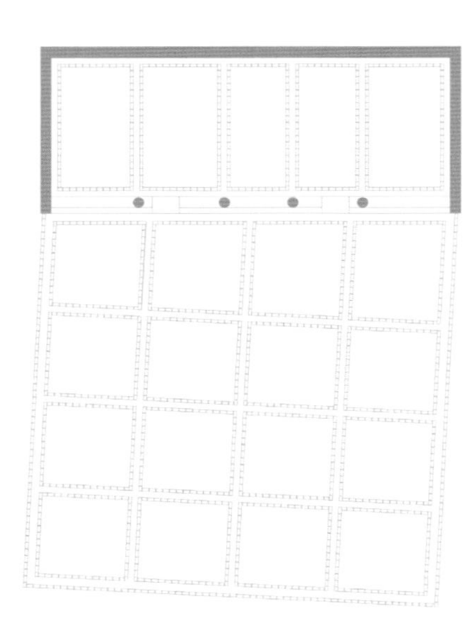

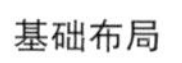

基础布局

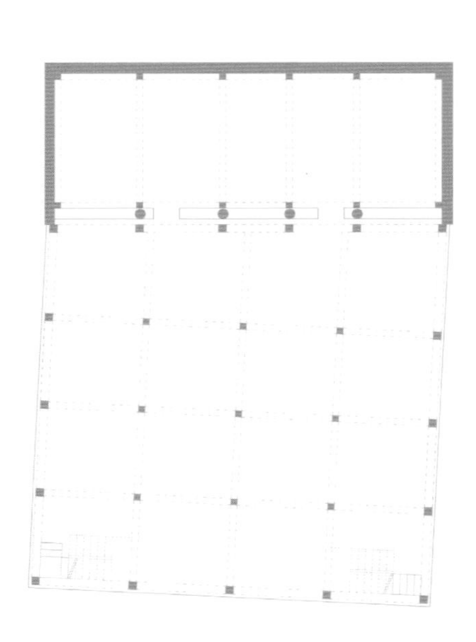

柱网平面

建造方式

此项目是建造一座新的四合院，方法是提起庭院并在底楼的便利店创造一个空间。地面层被降低后，将一个新的混凝土楼板放置在现有房屋上。房间布局按照风水的原则建造，新的平面图仿照华北典型的四合院设计。必须特别注意布局的角度和框架，以及柱子和门窗的位置，以满足所有要求。该建筑物位于南北向的地块上，正房朝南。大门根据传统布局位于东南角。天花板的高度和间距必须遵循特定的等级。高架庭院的布局是内向的，以确保庭院和相邻房屋的隐私。

蓝色或灰色砖在北京和中国东北地区的历史上盛行，但由于种种原因越来越少使用了。今天，廉价的红砖主要用于自建房屋。两种不同砖色的立面设计消除了对比，并创造了平衡。此外，红砖上可见的焦痕会合并两种色调。

2017 年的庭院

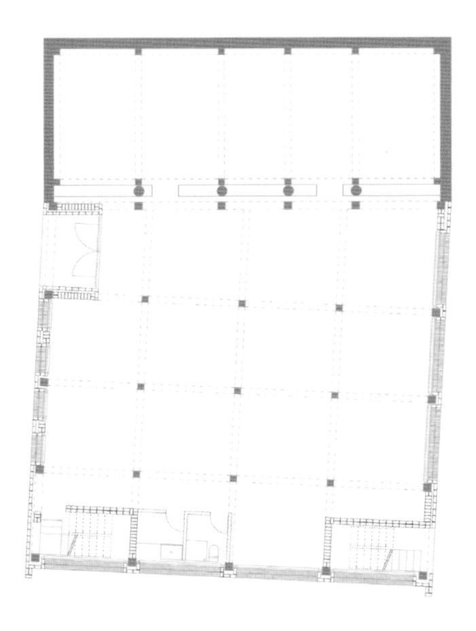

一层商店平面

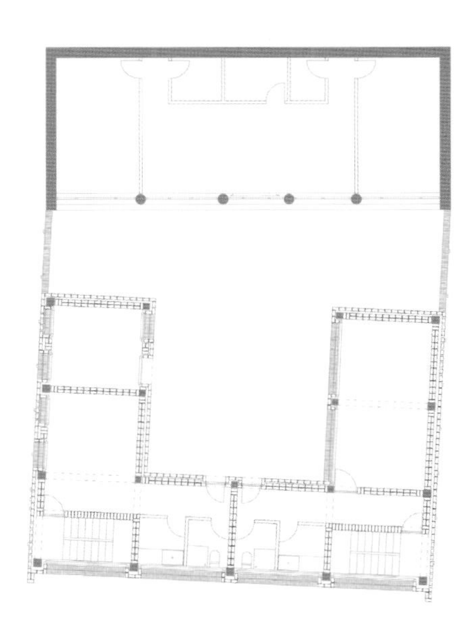

四合院二层平面

半宅

——传统与现代结构体系的融合

地　　址：陕西省渭南市
竣工时间：2013 年
设计单位：合木建筑工作室
设计主创：张东光、刘文娟
建筑面积： 80 平方米
摄　　影：刘文娟

村落总平面图

总体策略

项目地处陕西省渭南市一个典型的关中民居村落。新建房屋位于原有两进院落的后院，简洁的形体处理顺从原有的村落肌理和建筑尺度，并使其与原有正房围合出尺度宜人的小庭院。单坡屋顶的形态延续了当地将雨水排到自家院落的传统。通过材料的处理新建房屋进一步融合到基地之中。建筑师保留了现有的红砖院落围墙，在其上用灰砖砌筑房屋的山墙部分，并通过砖的颜色对“新”与“旧”加以区分。

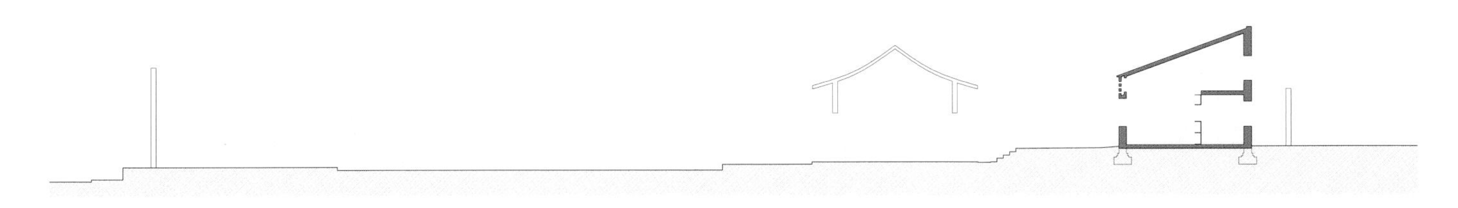

院落剖面图

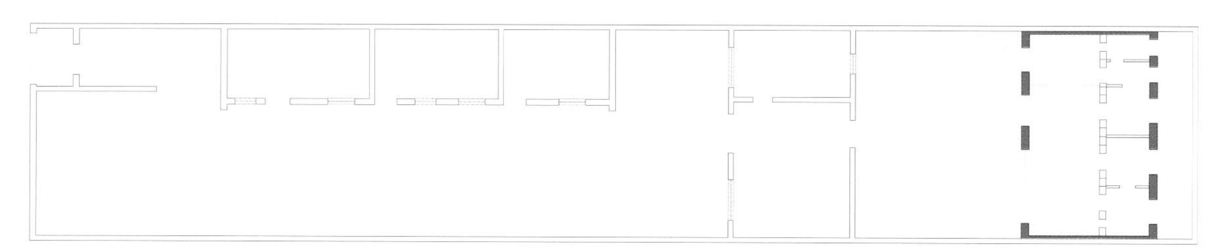

院落平面图

空间建造

室内空间被高大的木桁架划分为两层，一层的大空间和二层的阁楼。首层的空间布局区别于传统的三开间方式，贯通的木质格架将首层划分为两大部分：南侧完整的大空间及其北侧的生活辅助空间。格架系统上的开口与外围护墙体的开口共同作用，使得内与内、内与外的空间联系更加丰富有趣。上部阁楼以木桁架作为"悬挂的墙体"对空间进行切分。桁架表面的木质板材，与一层的白色墙面形成视觉对比，将阁楼和首层空间从材质方面进行了区分。这也呼应了外墙材料分布的上下关系。

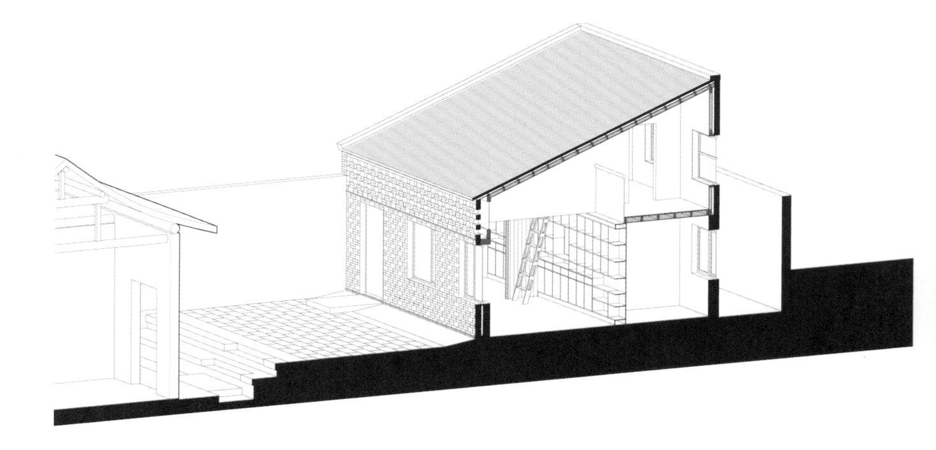

建筑剖面轴测图

半木框架建造系统的运用，辅以空心墙构造和作为表面材料的木质蒙皮的应用，为结构的高效整体性、空间划分的灵活性、墙体设计的自由度、热工性能的提升等带来诸多益处。

在建筑学层面，则探讨了空间与结构的互动关系；结构与围护的联合作用；围护和表皮在热工方面如何改善等议题。

本项目充分尊重当地的生活方式和建造传统，但并没有拘泥于传统的结构体系和空间布局。建筑师采用当地非常普遍的建造材料——木材和砖，通过对复合建造系统的运用和对当地技术的改进，创造出了不同的空间和形态，来满足现代人对高品质生活的需求，同时又给当地村民一种既熟悉又陌生的体验。

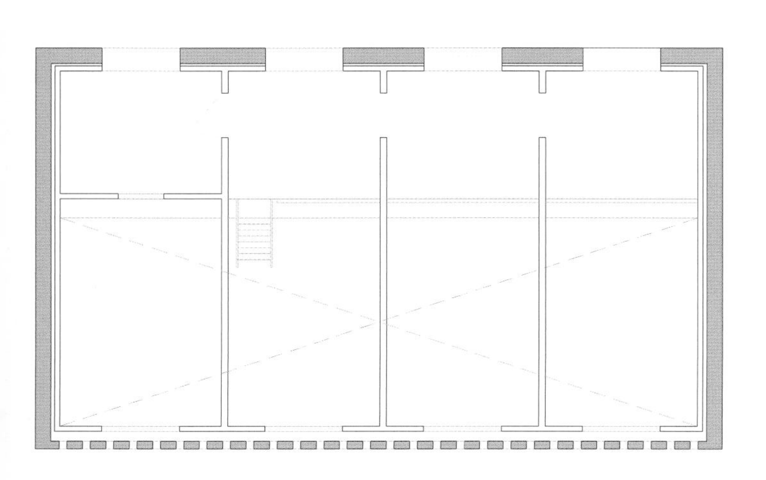

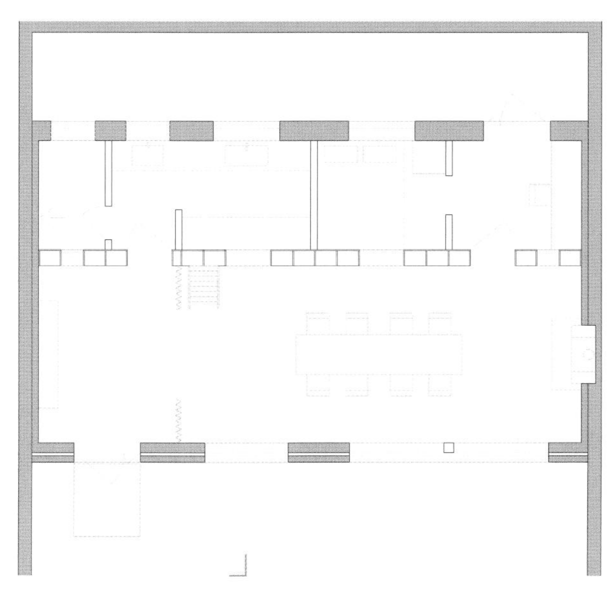

建筑一层平面图

建造意义

农村大量存在的砖木结构房屋，其抗震能力、采光、热工性能等方面都有明显的缺陷。通过此项目我们试图探讨与应对农村住宅存在的普遍性问题。建筑师从传统之中汲取营养，谨慎处理新建与传统之间的关系，也批判地发现传统建筑所存在的问题和不足，并采用当代的手段予以改进。

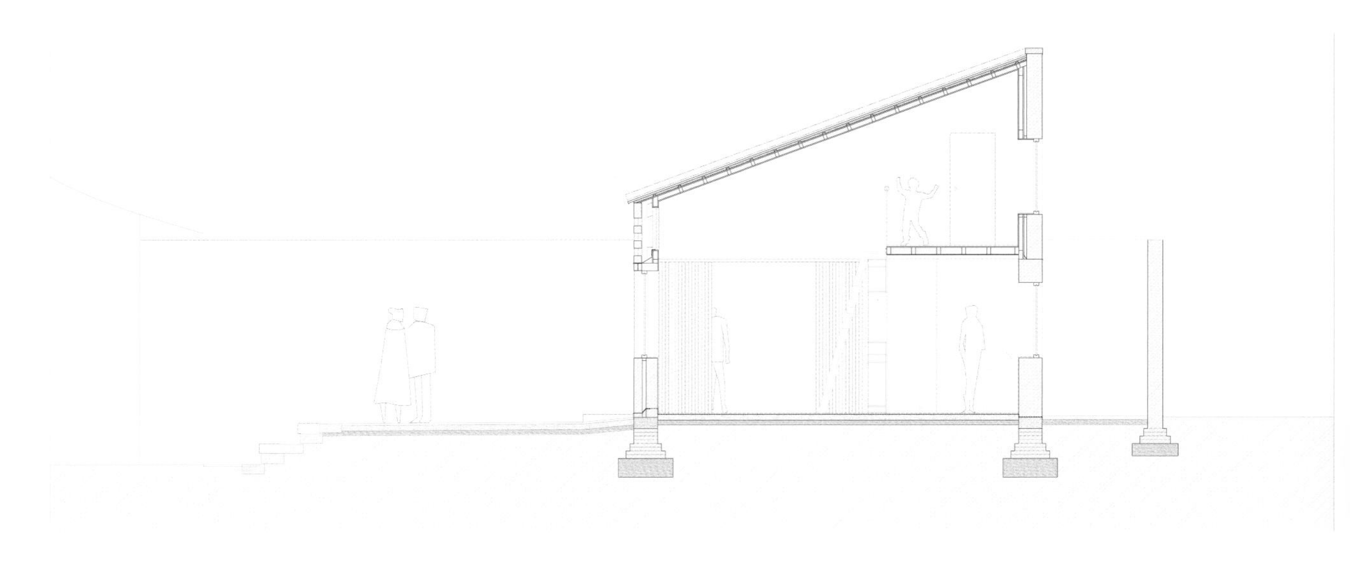

建筑剖面图

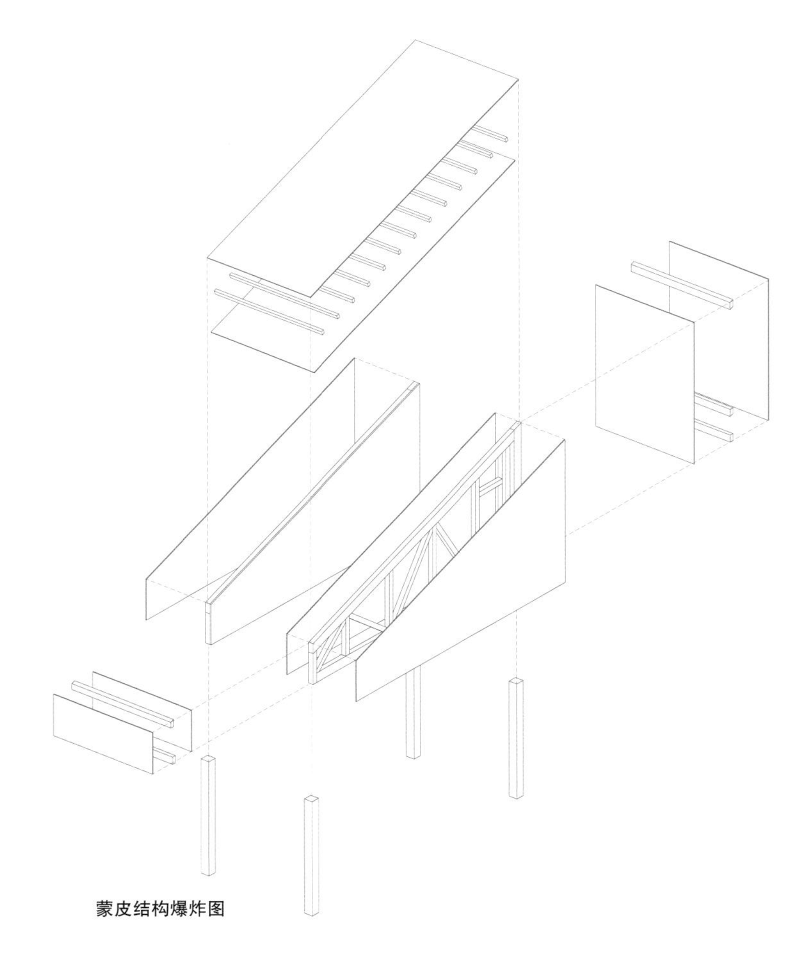

蒙皮结构爆炸图

石家（十甲）村农宅

——现代合院式住宅的原型与样本

地　　址：陕西省渭南市石家村

竣工时间：2017 年 10 月

设计主创：林君翰、城村架构

设计团队：黄稚沄、马洁怡、张健欢、钱坤、林雪筠、李宾

建筑面积：380 平方米

建筑造价：855 元每平方米

摄　　影：城村架构

项目背景

此项目是中国北部夯土房屋的一个设计原型。基于中国争取在 30 年内将现有 3.5 亿农村人口城镇化的目标，这一目标让农村住房产生翻天覆地的变化。但同时也导致了传统农宅被摒弃和拆除，取而代之的是现代化新型住宅。

这一项目尝试通过结合现代设计和传统农村生活，提供一个可行的另类模式。作为一个示范项目，这一农宅原型能够改变农民对中国传统庭院式住宅的固有成见，致力于提倡更富持续性的设计理念：结合了夯土、沼气、雨水收集、芦苇床净化系统等技术。项目成果就是一个把传统科技融入现代农村生活中的生态农宅。

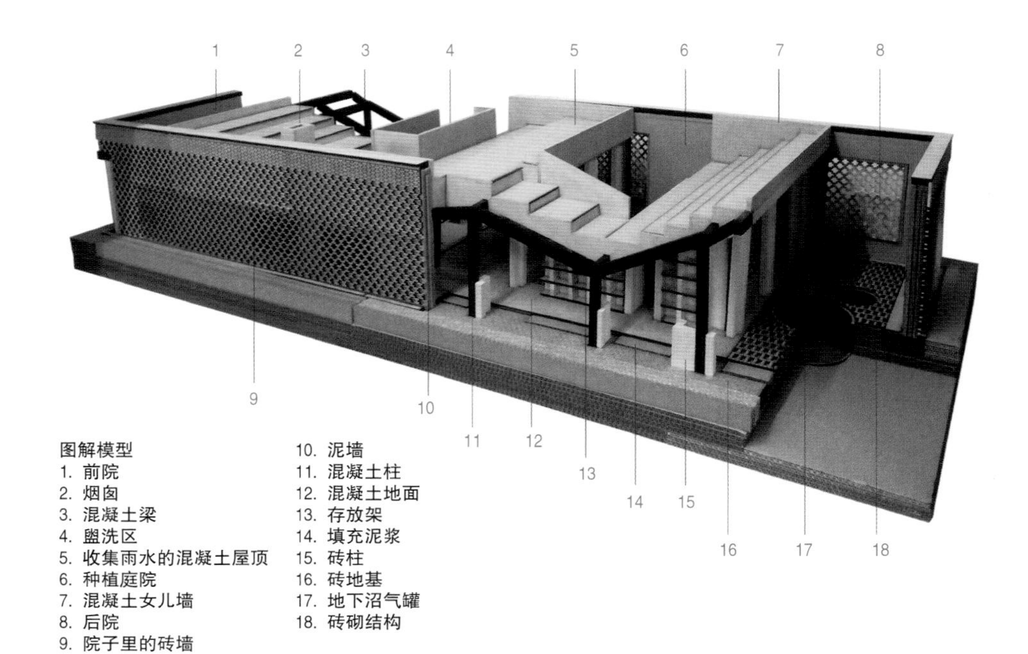

图解模型
1. 前院
2. 烟囱
3. 混凝土梁
4. 盥洗区
5. 收集雨水的混凝土屋顶
6. 种植庭院
7. 混凝土女儿墙
8. 后院
9. 院子里的砖墙
10. 泥墙
11. 混凝土柱
12. 混凝土地面
13. 存放架
14. 填充泥浆
15. 砖柱
16. 砖地基
17. 地下沼气罐
18. 砖砌结构

项目尝试弥合传统与现代两极间的断层，以保卫传统乡土建筑材料的运用和建筑技术智慧。这不是一个传统的合院住宅，而是一项现代农村乡土调研的产物，代表着一种新的建筑尝试，有意识地将乡土建筑逐步融入现代施工中。

场地概况

石家村位于陕西省北部，临近古城西安。最初，这个项目是一个实践学习工作坊。工作坊的学生们走访了不同的农村家庭并记录了他们的生活状况，收集编辑成一套当代中国农村家庭写照。这不仅是对住宅形式的描述，更是变化中村民生活情况的真实写照。石家村所有的农宅起初都是利用胡基砖在一个 10 米 ×30 米的宅基地块内建造而成的。不过，由于村民们逐步把旧的农宅进行翻修，将其改造成新型合院住宅，传统建筑元素与现代混凝土、红砖混合成一体，早就把传统合院的建筑形态改头换面。这些农宅，每一个都有着属于自己的演变历程。故此，除了早就限定好的地块范围，没有哪两个农宅是一样的。庭院设计就中国的情况来看，对于内部庭院的使用正好诠释了农村人们的生活方式。

1. 太阳能热水器给水加热
2. 屋顶可收集雨水
3. 夏季的阳光被屋顶挡住
4. 滤水器
5. 烟囱
6. 厕所
7. 沼气系统
8. 沼气池
9. 沼气可用于烹饪
10. 厨房
11. 夏日的微风穿过砖墙
12. 冬季的阳光直接照射温室玻璃
13. 窗玻璃材料
14. 集热墙的热辐射
15. 蓄水装置
16. 洗涤和烹饪用水
17. 挖出用作肥料
18. 芦苇床滤水系统
19. 灰水流入芦苇床
20. 过滤水用于灌溉
21. 烟从床下通过以取暖
22. 集热墙通过夯土墙温室玻璃实现蓄热体作用

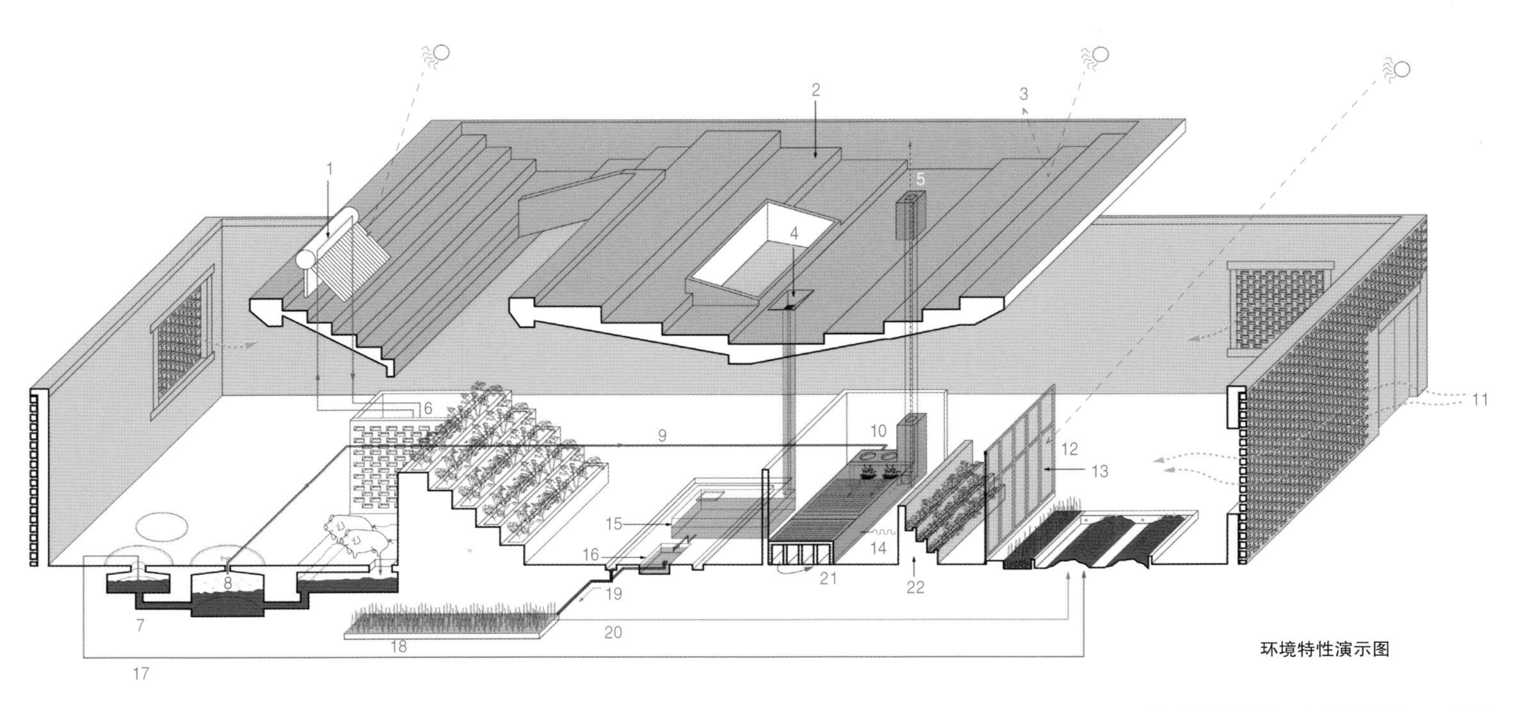

环境特性演示图

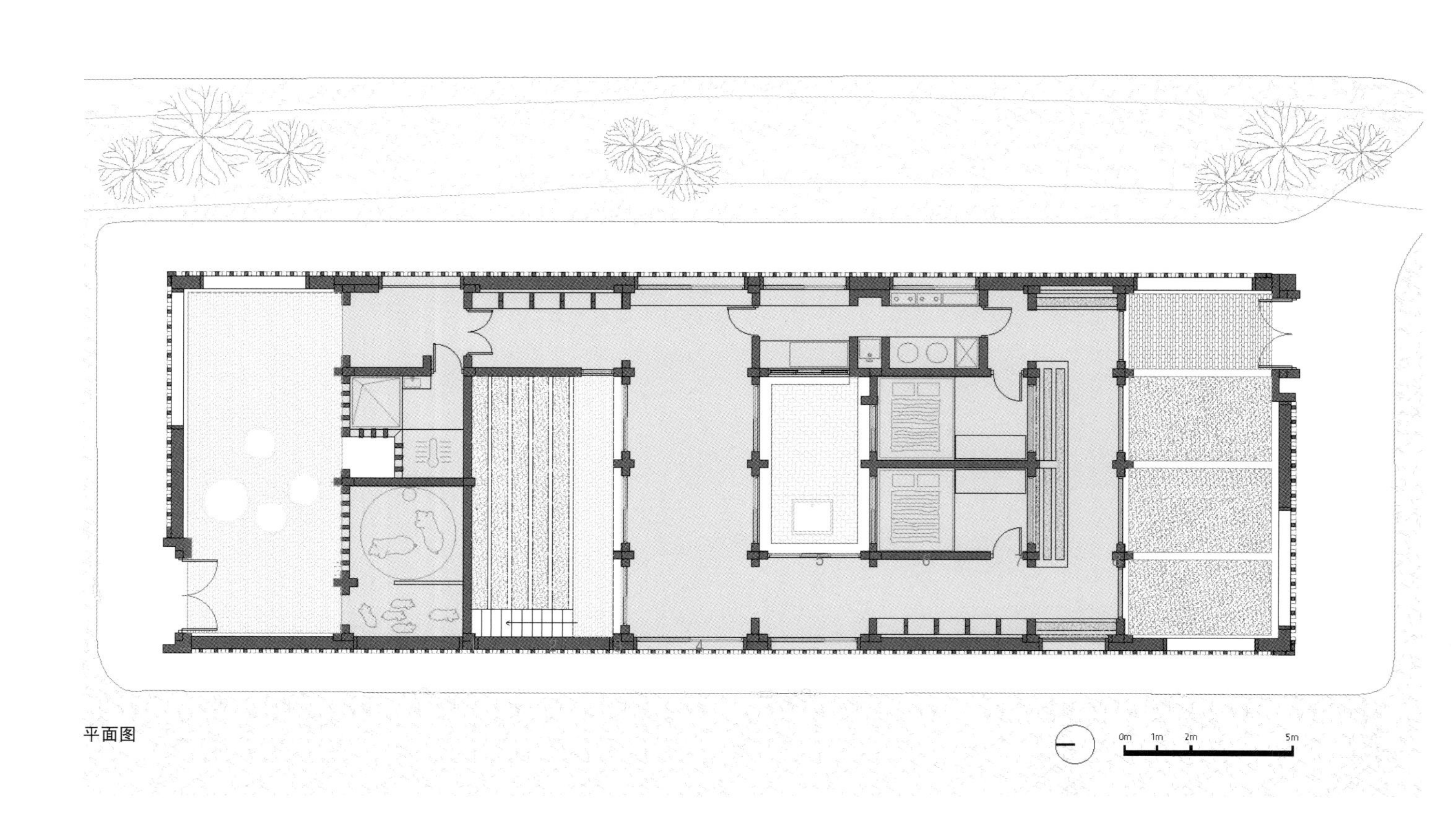

平面图

营造策略

每个村民自己所拥有的户外空间大部分都包含在围墙之内，这使庭院空间和室内空间无论在视线上还是在功能上都保持了一种密切的联系。房屋建筑原型包括 4 个功能不同的庭院空间，是整个建筑的重要部分。这 4 个庭院被插进整个住宅的主要功能空间，即厨房、厕所、客厅以及卧室之中。另外，每个庭院在空间设计上也是各有特色的，甚至可以说整个房子都是围绕着这 4 个庭院而建造的。

环保的设计概念多用途屋顶不但提供了晾晒作物的空间和席地而坐的大台阶，而且在雨季到来时还可以用来收集并储存雨水，以便干热的夏季时使用。这座房子成为一个自给自足的典范。靠近庭院的猪圈和地下的沼气系统为烧火做饭提供了能量，同时，从厨房冒出来的热烟直接进入卧室的热炕，最后通过烟囱排出。胡基砖墙是大陆性气候地区适用的传统保温材料。建造与材料的使用房屋结构是混凝土梁柱结构与胡基砖墙围护体系相结合，融合了新旧的建造技术。胡基砖墙固然是大陆性气候地区适用的传统保温材料。与之不同的是，这种新颖的混合型结构满足了抗震的要求。房屋的整个外墙被镂空花砖墙包裹，以保护胡基墙。使用的胡基砖均是循环再用或当地制造的。

丘山居

——内向生长的居所

地　　址：天津市蓟州区官庄镇
竣工时间：2020 年 10 月
设计单位：原榀建筑事务所 |UPA
设计主创：周超
设计团队：邓可超、岑梓鑫、梅玮（实习生）
建筑面积：320 平方米
摄　　影：直译建筑摄影 / 何炼

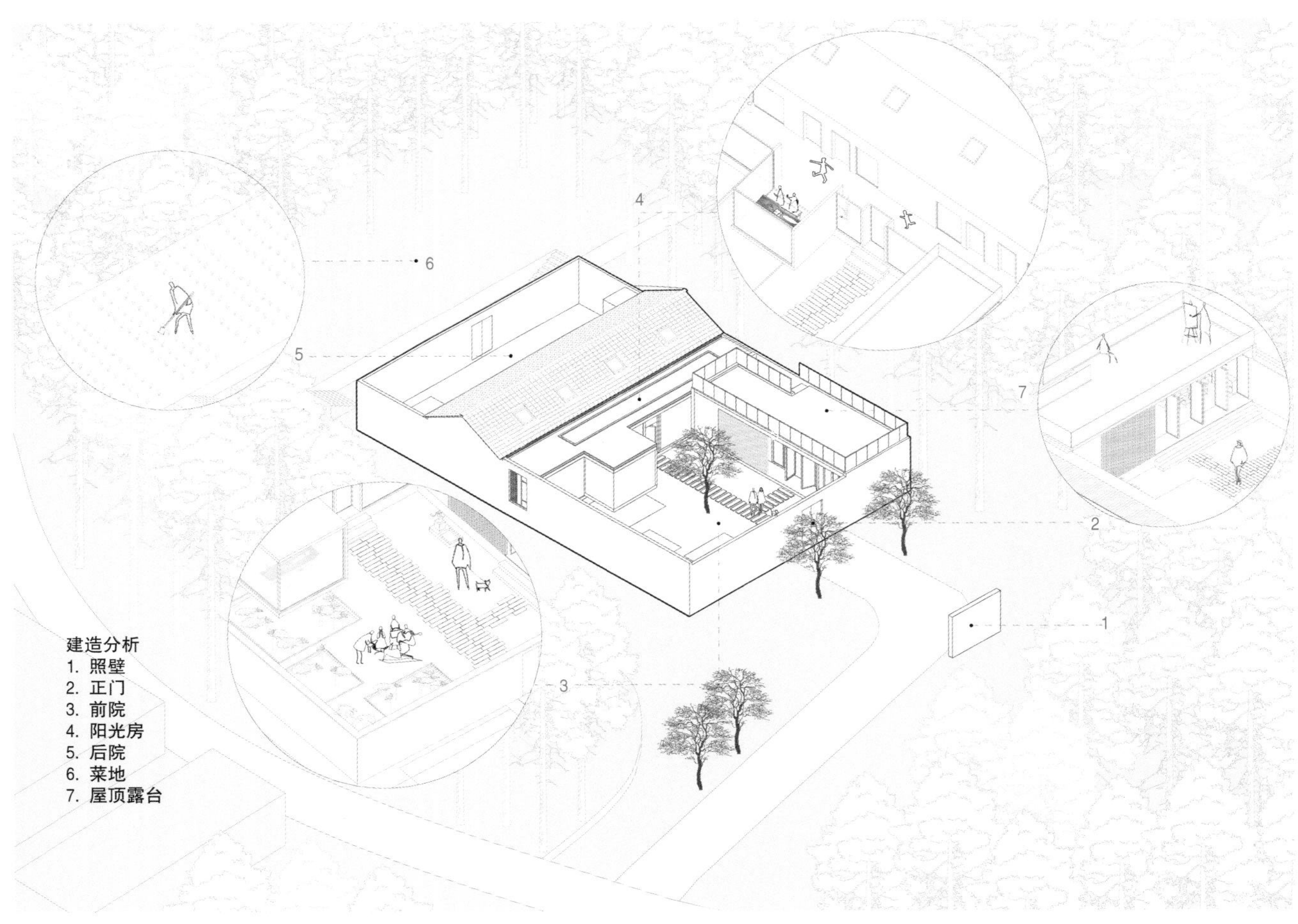
1
2
3
4
5
6
7
建造分析
1. 照壁
2. 正门
3. 前院
4. 阳光房
5. 后院
6. 菜地
7. 屋顶露台

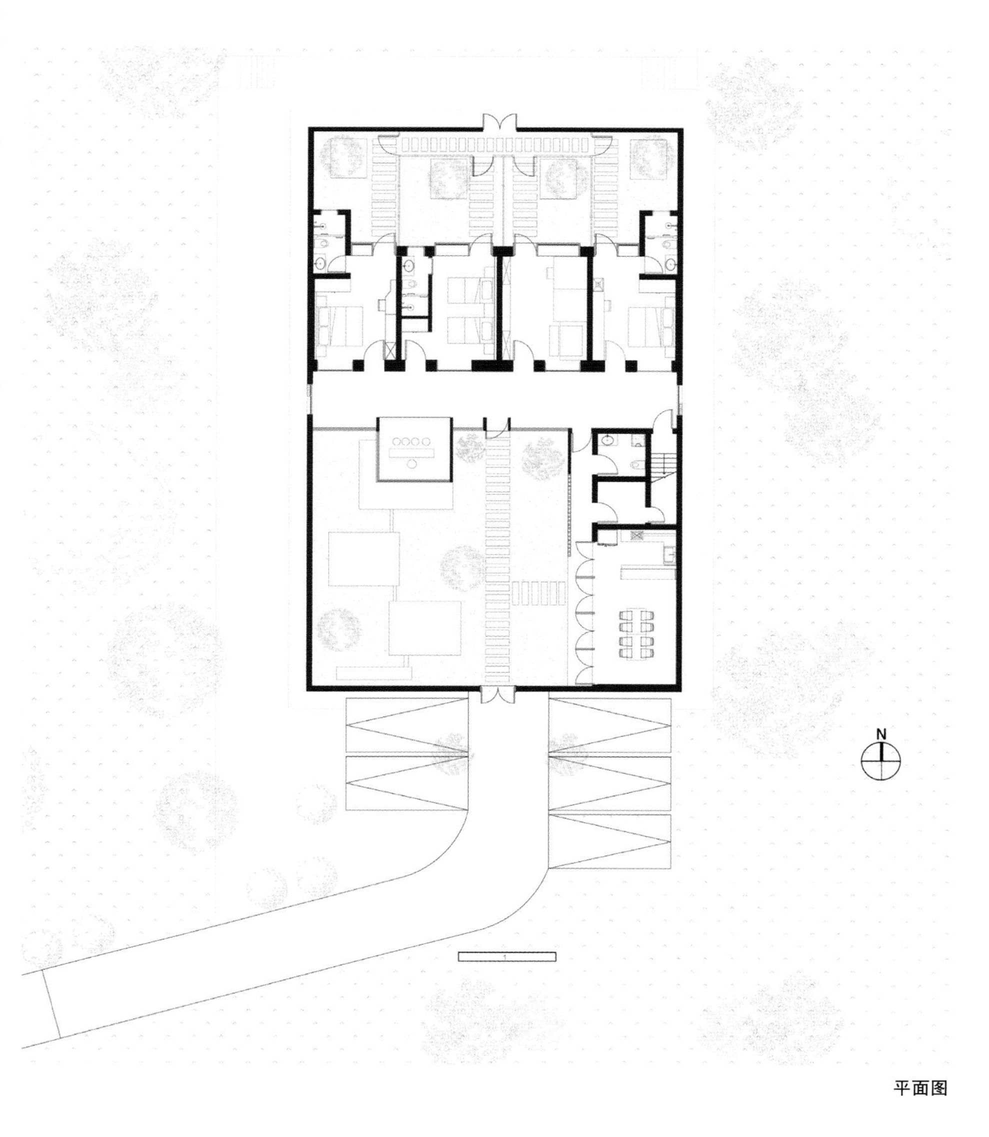

平面图

背景与场地

项目位于天津市蓟州区，原本是一栋独立的农家小院。业主崇尚陶渊明的精神境界，尤其喜爱《归园田居》这首名作，在小院改造之初，从“少无适俗韵，性本爱丘山”中为小院取名，是为丘山居。

丘山居所处的村庄位于著名的盘山风景区南侧，村庄四面环山，风景优美。津蓟高速公路由东向西通过把这个村庄切分为南北两片，丘山居位于北片区，南侧院墙距离高速公路不足 30 米。基地东侧是一片高大的杨树林，西侧是一小片竹林，北侧是菜地，建筑的墙体和院墙都为白色，远远望去，像一片白云飘浮在山坡之上。

改造与生长

这是业主自家的宅基地，从 20 世纪 60 年代第一次修建住宅至今，其祖辈已经重建或改造过 3 次，逐步形成了一个被矩形院落包围的 L 形住宅。之前的房屋年久失修，面貌破败，受到高速公路的噪声干扰，居住品质较差。业主自幼在这里长大，虽然目前在城市里工作和生活，但一直没有忘记曾经养育自己的老家，计划为父母和孩子打造一个“世外桃源”。

虽然是在乡村，政府的法规控制亦相当严格，只能在原有的建筑轮廓范围内建设，且高度限制为一层。这是限制也是挑战，它促使我们思考，虽外部边界不可突破，外部环境亦不可改变，建筑能否在内部生长，并采用智慧的方式与现有环境相处？

阳光房：空间的主角

建筑的布局与改造前一样，但设计师对功

剖透视图

1. 3 毫米厚镀锌铝板
   3 毫米厚自黏防水卷材
   20 毫米厚 OSB 板
   木方条找坡，最低高 100 毫米，坡度 2%
   20 毫米厚 OSB 板
   150 毫米厚聚苯乙烯保温板
   九厘板
   石膏板
2. 12 毫米厚实木地板
   3 毫米厚泡沫衬垫
   九厘板
   3 毫米厚自黏防水卷材
   20 毫米厚 OSB 板
   150 毫米厚聚苯乙烯保温板
   水泥纤维板

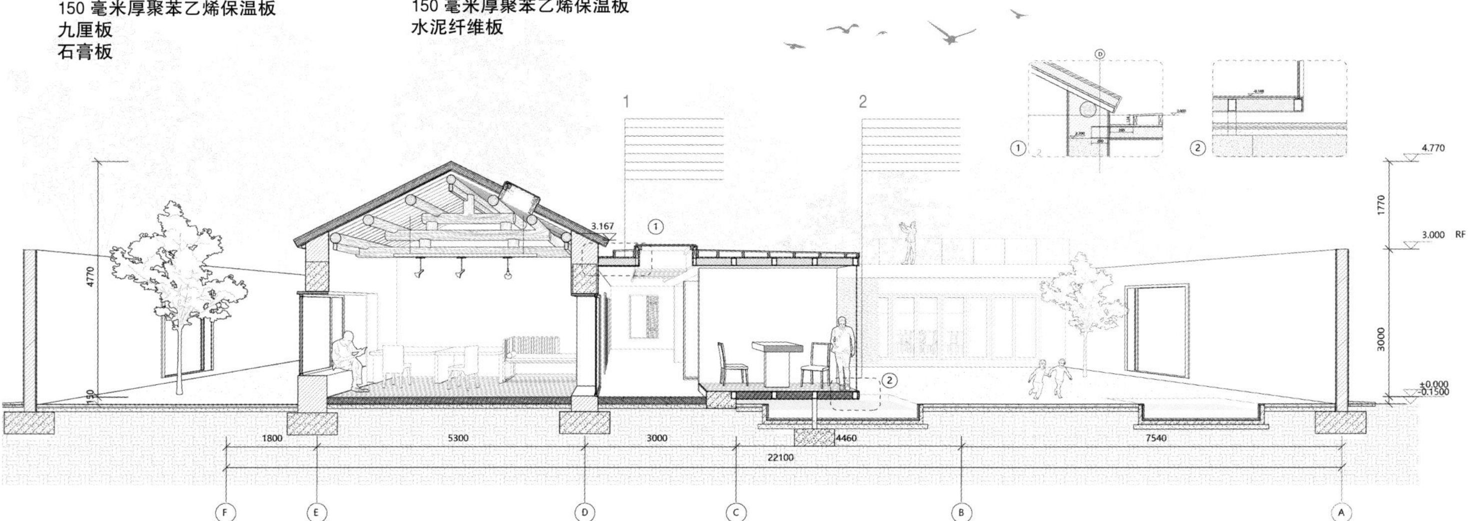

能进行了重新布局。建筑的东西向体量上布置了 3 间卧室和 1 间书房，南北向体量上布置了厨房、餐厅及配套用房。两个体量用一个带状的阳光房来连接。这个布局重新组织了建筑和院落的关系，更回应了当地气候、隔声减噪的需求。我们在阳光房局部放大形成一个茶室，创造了一个趣味空间。

改造前的房屋中，堂屋是空间的主角，这也是中国传统住宅的典型组织方式。而改造后，阳光房是空间的真正主角，它不仅是交通空间，更是家庭的公共活动空间。大人在茶室里品茗，孩子在长廊里奔跑，阳光从天窗泻入，美丽的景色从大片的落地窗映入室内。在阳光房里，建筑和风景进行了紧密的融合。

庭院：建筑的延展

建筑和庭院是一个统一的整体，方形的前院里，我们增加了景观水系，水从南院墙的喷

1. 噪声源
2. 树木屏障
3. 围墙屏障
4. 流水掩盖
5. 阳光房吸收
6. 双层中空玻璃吸收
7. 休息区域

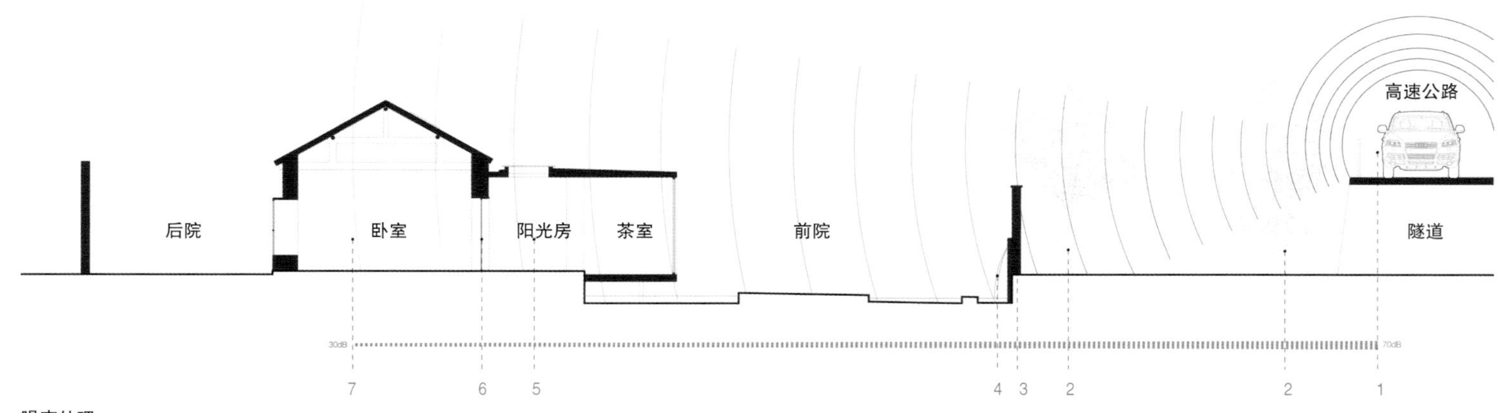

噪声处理

泉口流出，依次经过 3 个水池，到达茶室下方，暗含了“曲水流觞”之意。后院为带状，从每个房间均可进入后院。前后院的地面均以碎石子满铺，并用青石板铺设小径，原有的树木都予以保留，这是小院的历史记忆所在。

阳光房的东侧尽端有楼梯通往屋顶露台，露台被杨树林所包围，形成了一个感受大自然的绝佳场所。在露台上，既能眺望北侧的山脉，亦能观赏庭院的景观，感受阳光和风。庭院因露台而立体化，风景也变得更加立体。

关联的建造

在建筑的改造中，设计师采取了与历史对话的形式，称之为“关联的建造”。出于就地取材和成本控制的考虑，建筑主体沿用了砖木混合的结构形式。东西体量中，砖墙和抬梁式木架混合承重。业主请来村里 70 多岁的老木匠重新制作了榫卯形式的木架，坡屋顶也复原了当地住宅的样式，并增加了天窗。阳光房则采用了钢结构形式，茶室下部悬挑，突出了钢结构的轻盈，与主体的厚重形成了对比。

对于材料，设计师采取了“循环使用”的策略。老房子的石头基础、东西山墙、院墙都得以保存，拆除的红砖重新砌筑成墙体，原有的玻璃用作阳光房的天窗，瓦片、木料等则作为景观和家具使用。老的物料保存着主人的情感和记忆，在新的住宅中延续。

闹中取静

高速公路的噪声是本项目中无法回避的问题，为了提升居住的品质，必须要让噪声减弱。

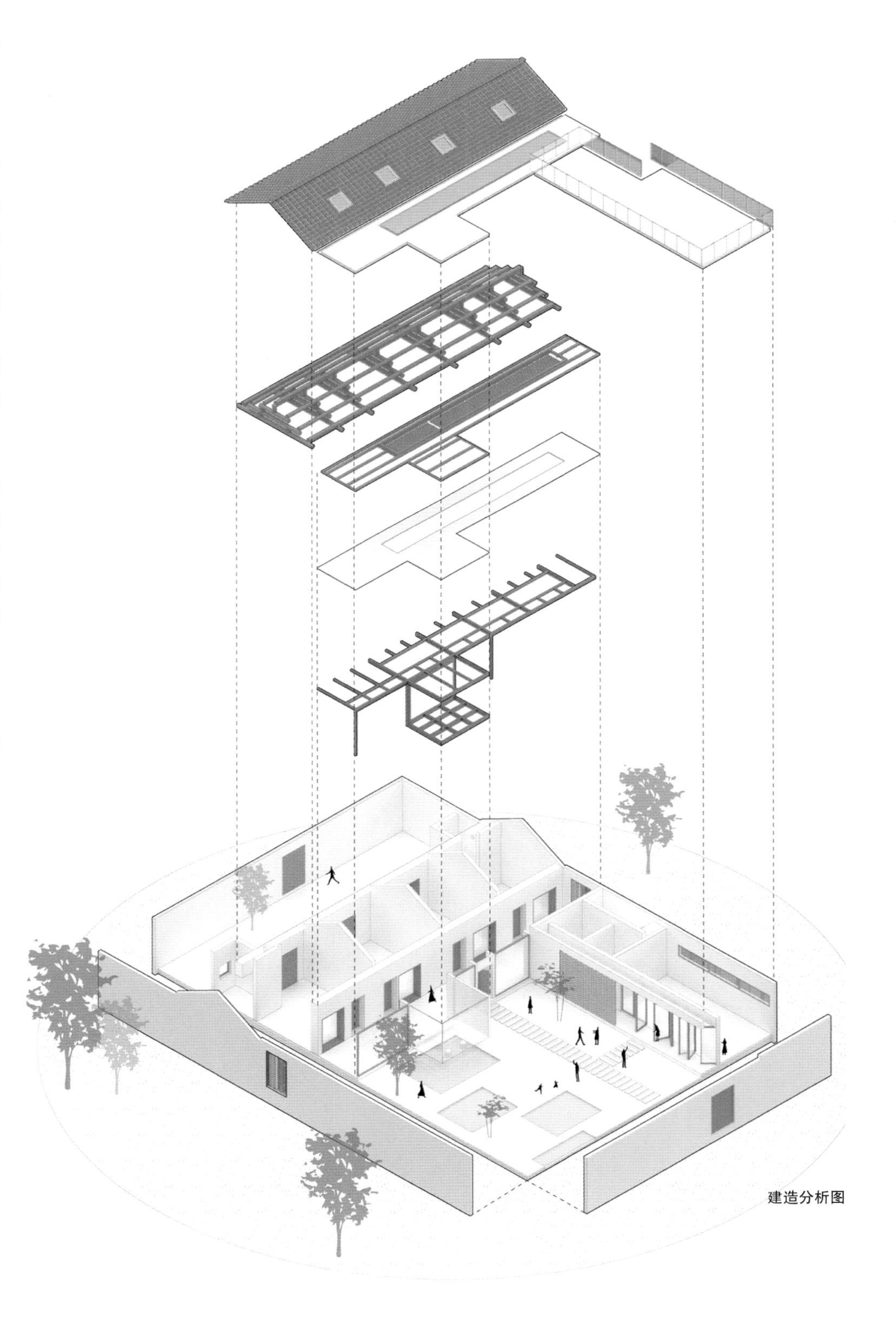

建造分析图

这是本项目的另一个挑战，设计师采用了如下的措施。第一个途径是将噪声阻挡，采用三重屏障来减弱噪声。这三重屏障依次为树木和院墙、阳光房、卧室和书房的墙体，所有的玻璃都采用双层中空玻璃，具有较好的隔音性能。项目建成后，多层屏障起到了较好的隔声效果，日间和夜间均可基本满足居住标准。

第二个途径则是用声音来掩盖噪声。安藤忠雄在京都陶板名画庭的设计中，用瀑布声来隔离城市道路的喧嚣，给设计师以启发。设计师在南院墙设置了小型喷泉，用流水声来掩盖高速公路的噪声，它让丘山居闹中取静，也表露出业主面对外部环境的旷达人生态度。

零舍

——近零能耗乡居改造

地　　址：北京市大兴区魏善庄镇半壁店村
竣工时间：2019 年 11 月
设计单位：天津市天友建筑设计股份有限公司
设计主创：任军
设计团队：邸扬、郭润博、姜楠、刘冰、韩帅、刘卫
室内设计：天津市天友建筑设计股份有限公司

建筑面积：402.34 平方米
建筑造价：6000 元 / 平方米
摄　　影：任军、贺之涵
获　　奖：2020 WAN Awards 可持续建筑银奖
近零能耗建筑标识

环 境 分 析

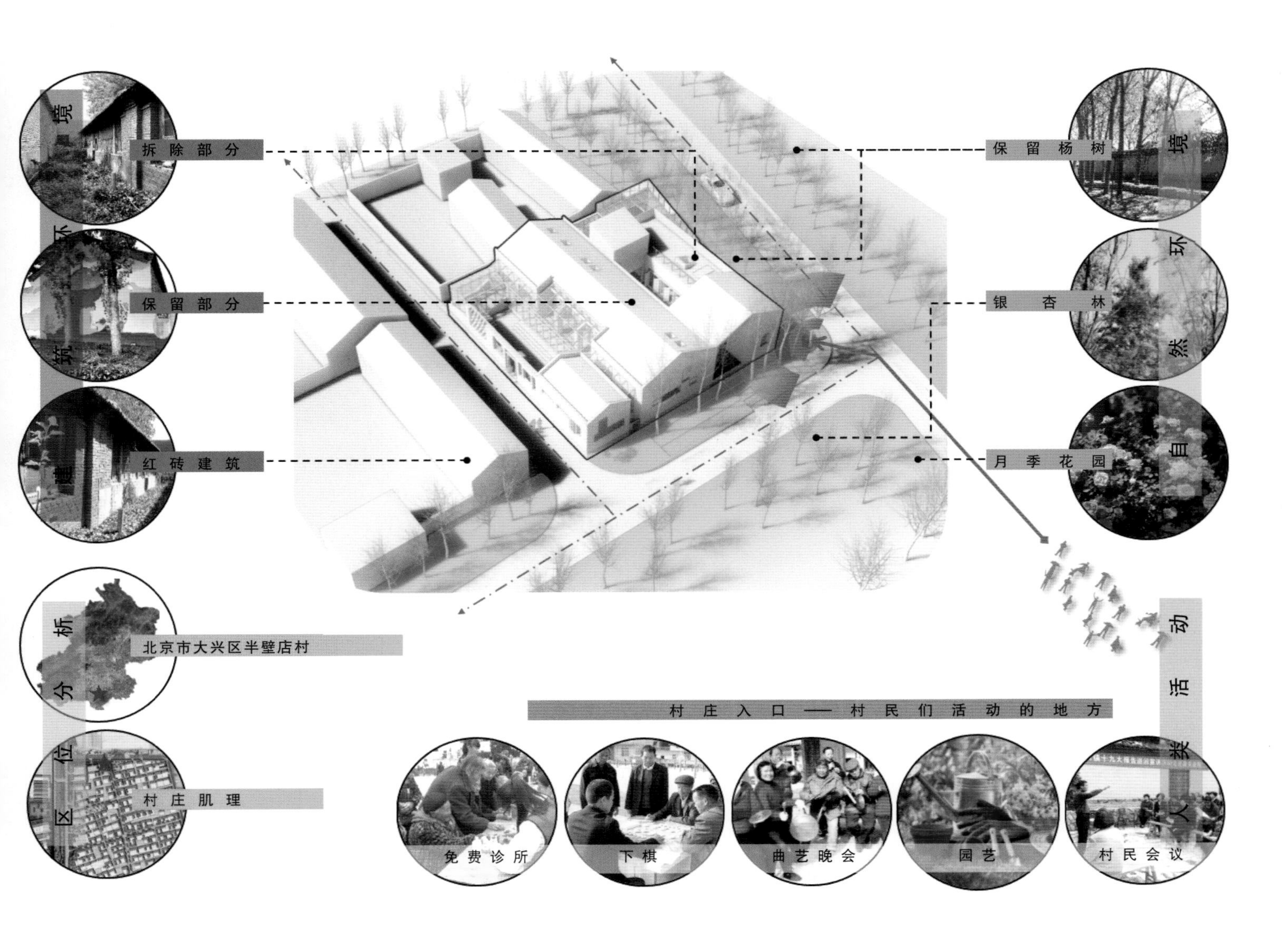

背景与目的

北京近郊这个村庄项目针对中国农村原住民流失、乡村空心化的问题，希望借助绿色的改造，提高居住舒适度、实现能源自给，同时引入创意办公等功能，实现功能转换与乡村复兴。

项目主要目标是探索装配式近零能耗农宅改造的技术可能性和建造的实现途径。实现途径是针对性地呼应乡村生态和寒冷气候，运用被动房（passive house）的技术策略实现最小的能源需求，结合多种新型太阳能利用方式，实现近零能耗（nearly Zero Energy Building）。加建居住部分采用了工厂预制模块，在现场组装完成。

PROCESS 过程——超低能耗与模块装配式相结合的乡村近零能耗建筑（nearly Zero Energy Building）

建筑改进了适应单层院落布局的近零能耗建筑空间体系。院落将建筑分为形体简单的三部分，并用被动式太阳房和楼梯间风塔连接气密性单元，实现增强冬季热辐射和引导过渡季自然通风的作用。坡屋面用天窗实现天然采光，用光伏瓦提供电能。

1. 防水卷材层用直径 1.2 毫米镀锌铁丝缠绕箍紧
2. 附加防水层
3. 素土夯实
   80 毫米厚 C15 混凝土垫层
   20 毫米厚 1 ： 3 水泥砂浆找平层
   4 毫米厚 SBS 防水卷材 1 道
   250 毫米厚挤塑聚苯板
   塑料膜浮铺
   40 毫米厚 C15 混凝土，内配钢丝网片
   20 毫米厚 1 ： 3 干硬性水泥砂浆结合层
   仿水磨石石塑面层
4. 保留檩条
   保留屋面板
   15 毫米厚 OSB 板
   20 毫米厚水泥砂浆找平层
   350 毫米厚挤塑聚苯板保温层
   3 毫米厚 PE 面玻纤胎改性沥青自黏防水卷材 2 道
   40 毫米厚 C20 细石混凝土（配钢筋网）
   40 毫米 ×50 毫米顺水条
   40 毫米 ×50 毫米挂瓦条
   汉瓦
5. 保留钢屋架
6. 防水砂浆砌筑烧结砖 3 道

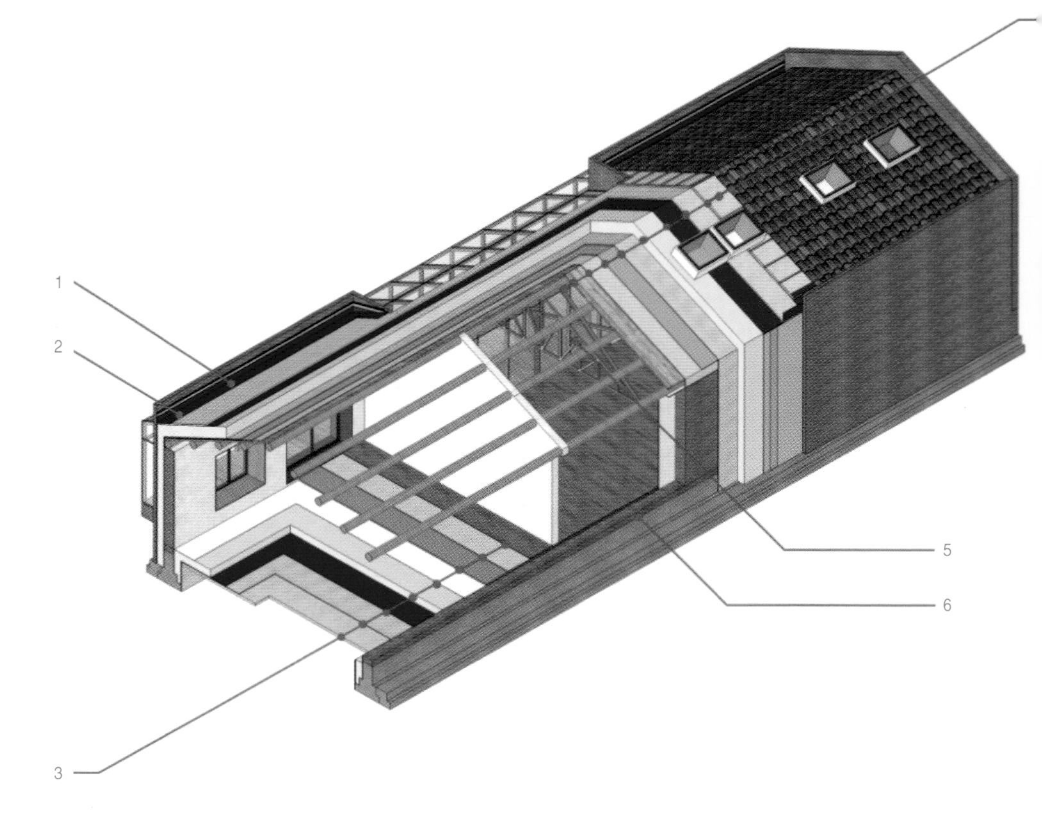

重建结构分析

1. 120 立砖砌筑
2. 附加防水层
   20 毫米厚水泥砂浆保护
3. 素土夯实
   80 毫米厚 C15 混凝土垫层
   20 毫米厚 1 ：3 水泥砂浆
   4 毫米厚 SBS 防水卷材 1 道
   150 毫米厚挤塑聚苯板
   塑料膜浮铺
   15 毫米厚 OSB 板
   140 毫米厚岩棉保温
   15 毫米厚 OSB 板
   20 毫米厚水泥板
   仿水磨石石塑地面
4. 木屋架
   15 毫米厚 OSB 板
   350 毫米厚挤塑聚苯板保温层
   3 毫米厚 PE 面玻纤胎改性沥青自黏防水卷材 2 道
   40 毫米厚 C20 细石混凝土（配钢筋网）
   40 毫米 ×50 毫米顺水条
   40 毫米 ×50 毫米挂瓦条
   汉瓦
5. 15 毫米厚防火石膏板
   40 毫米 ×140 毫米规格材（木结构内填 140 毫米厚岩棉）
   15 毫米厚 OSB 板
   120 毫米厚挤塑聚苯板
   20 毫米厚水泥砂浆
   240 毫米厚烧结砖墙体
6. 散水
7. 防潮层六皮砖
8. 地梁板（下垫防水材料）
   钢筋混凝土基础
   80 毫米厚 C15 混凝土垫层
   素土夯实

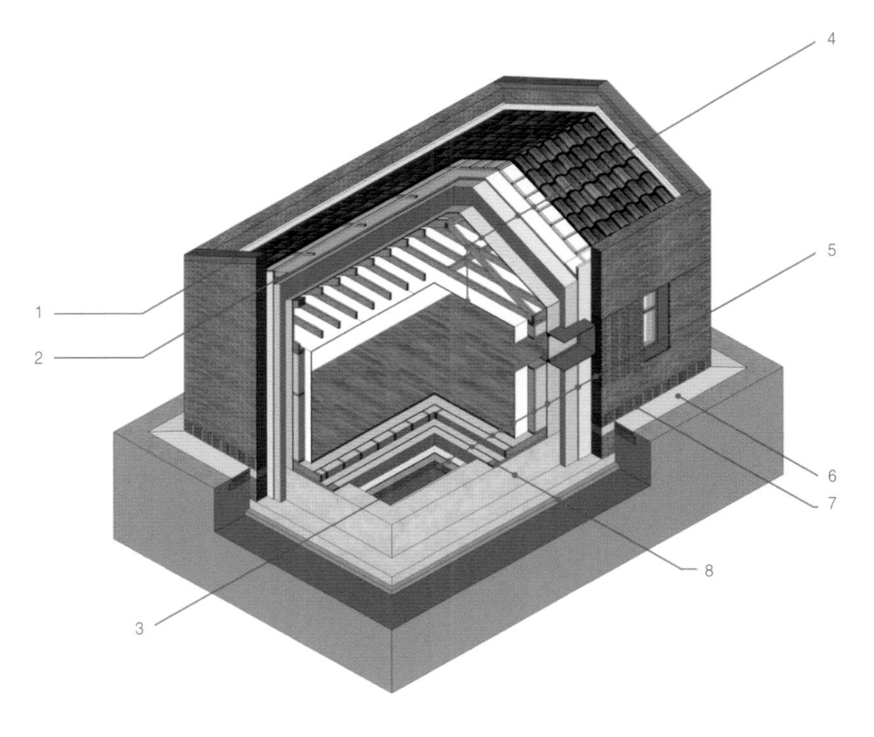

木结构分析

建筑实验了一种低成本的装配式居住模块。采用轻钢体系与 OSB 板复合的模式，内填外贴两种保温材料，以保证系统的传热系数和气密性，在工厂完成从结构到内装修的标准居住模块，3 个模块在现场组合为一套功能完善的居住单元。

庭院和建筑立面集成了先进的绿色技术，书屋收集了近百本可持续建筑的图书，展厅集中展示了近零农宅的节能和建造技术，使之成为近零能耗农宅模式的展示与示范。

PLANET 地球——减少生态影响，实现净零能耗的碳中和建筑

保持乡村生态和用地东侧北侧高大的杨树，结合杨树和村口绿地设计了阶梯状的树林菜园，结合 3 个庭院的生态功能定义为不同的主题庭院——水庭院、太阳能庭院和废弃物装饰的零碳花园。南侧庭院中设置一个温室，种植水培垂直农业组成的鱼菜共生系统。

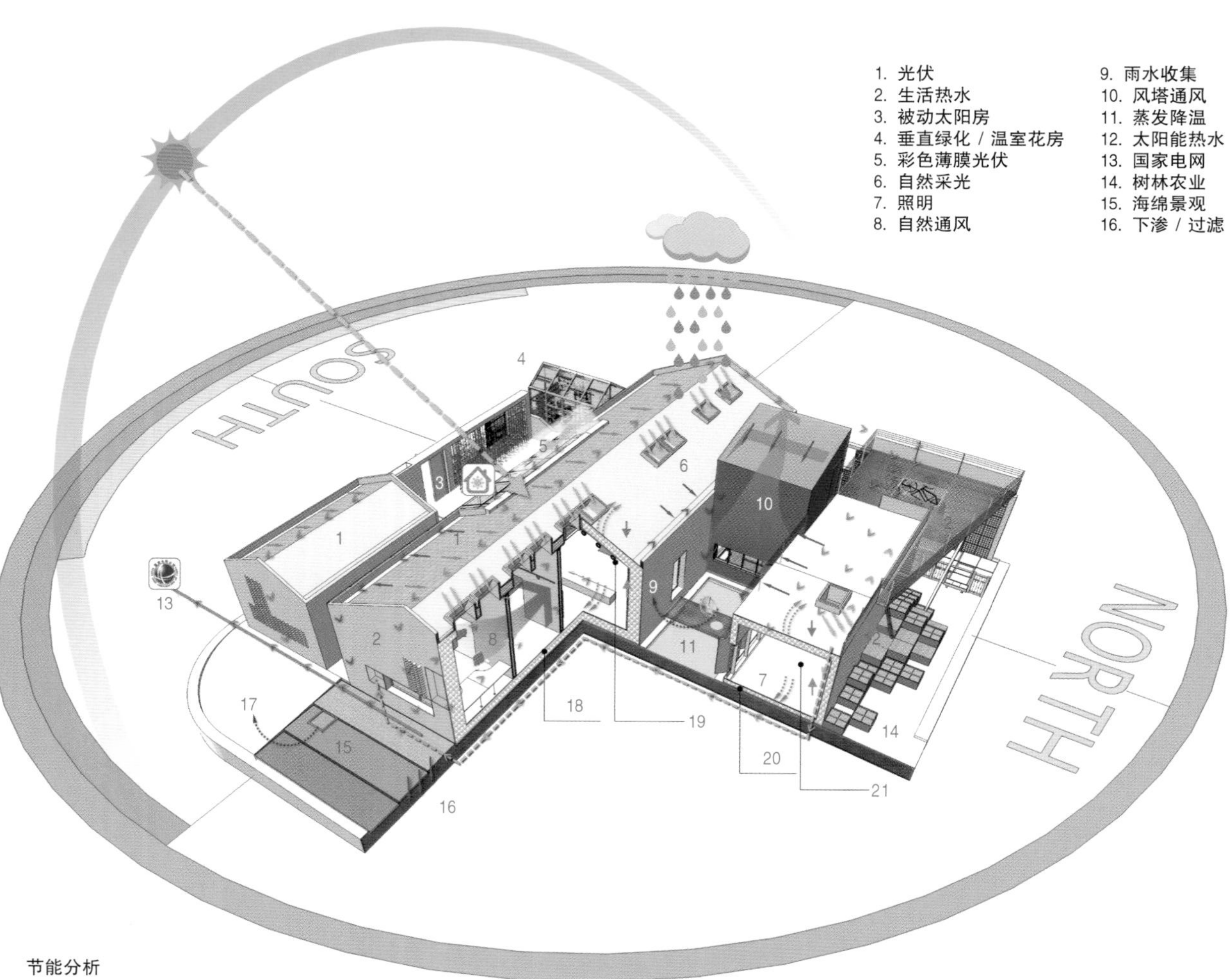

1. 光伏
2. 生活热水
3. 被动太阳房
4. 垂直绿化 / 温室花房
5. 彩色薄膜光伏
6. 自然采光
7. 照明
8. 自然通风
9. 雨水收集
10. 风塔通风
11. 蒸发降温
12. 太阳能热水
13. 国家电网
14. 树林农业
15. 海绵景观
16. 下渗 / 过滤
17. 蒸发
18. 高性能围护体系
19. 新风一体机
20. 高性能维护体系
21. 新风一体机

节能分析

被动式节能从太阳辐射的利用出发，采用超级保温围护结构、气密性单元以及无热桥设计将冬季采暖需求控制在 15 瓦以下，年平均单位面积总能耗为 14.6 千瓦 · 时。

主动式产能以太阳能光伏瓦和彩色薄膜光伏相结合为建筑提供电能，太阳能热水系统为居住部分的厨房卫生间提供热水。

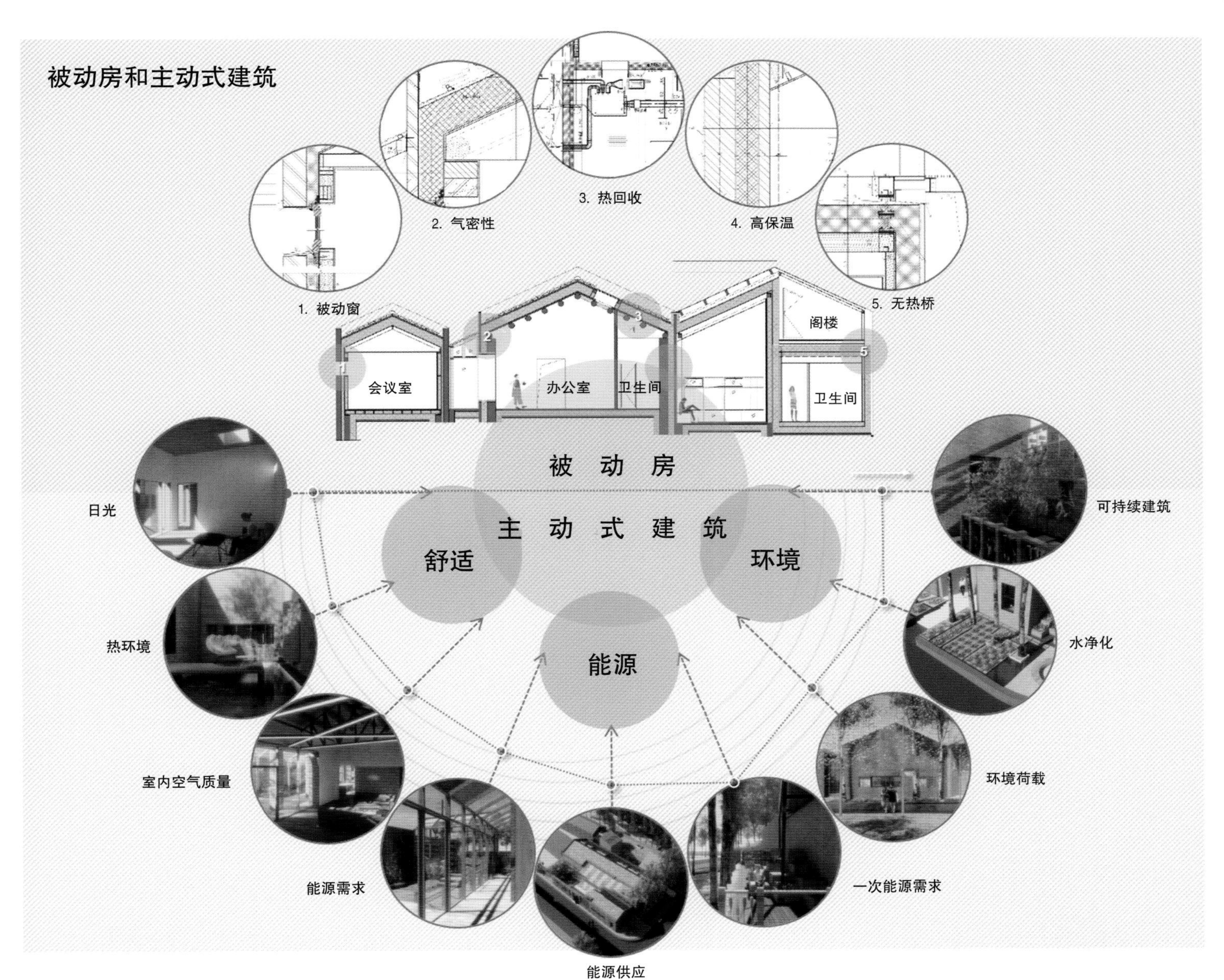

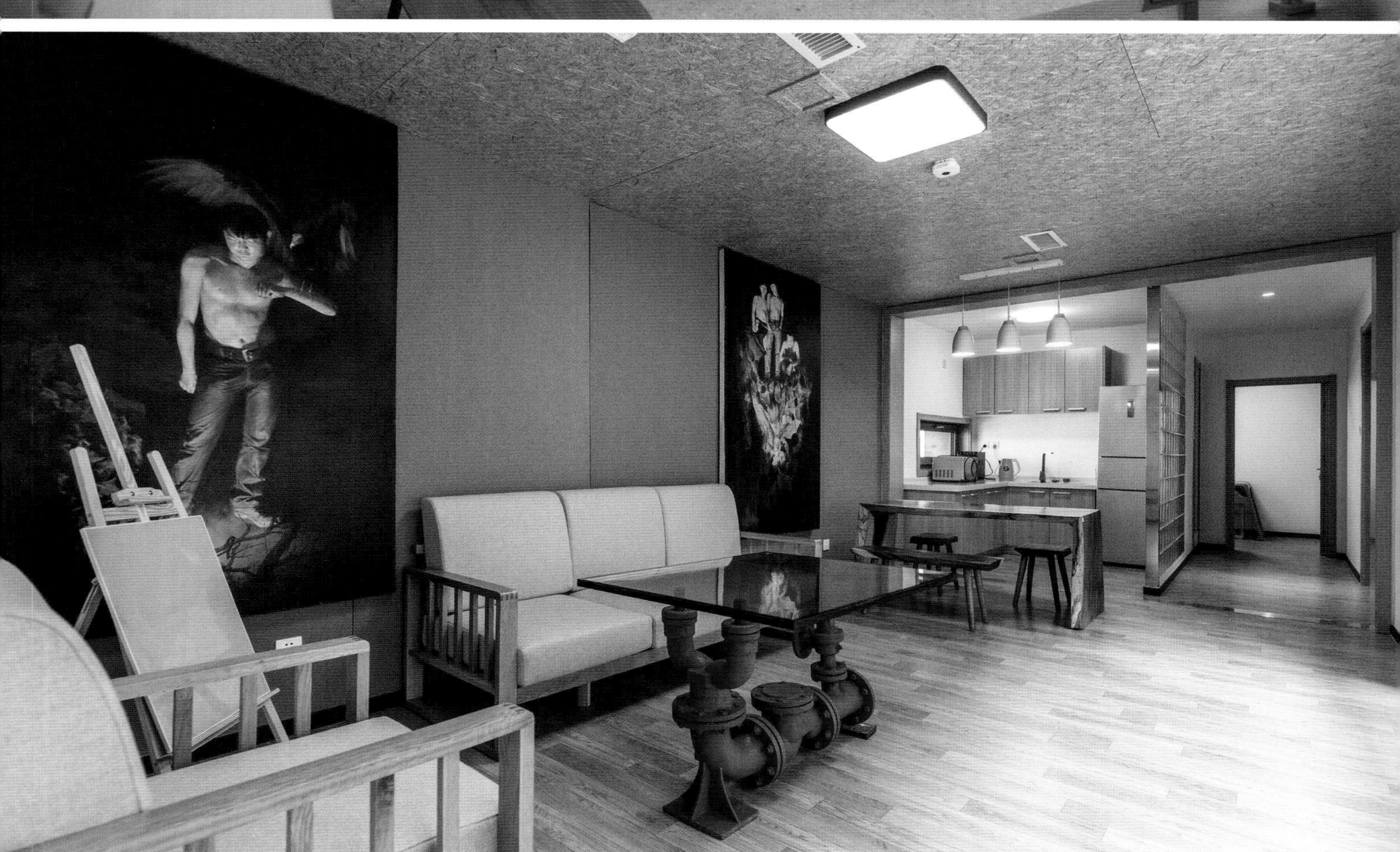

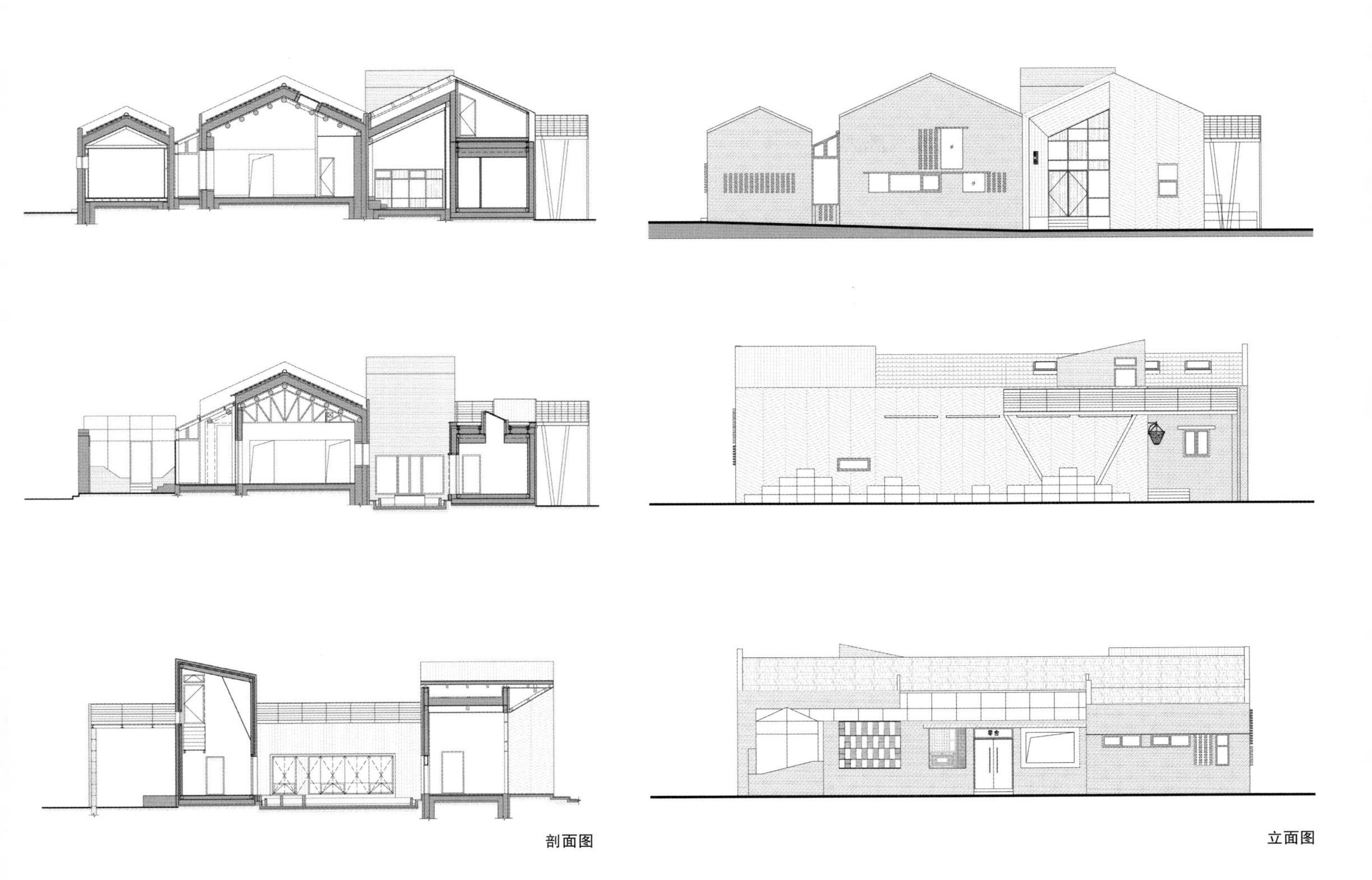

剖面图

立面图

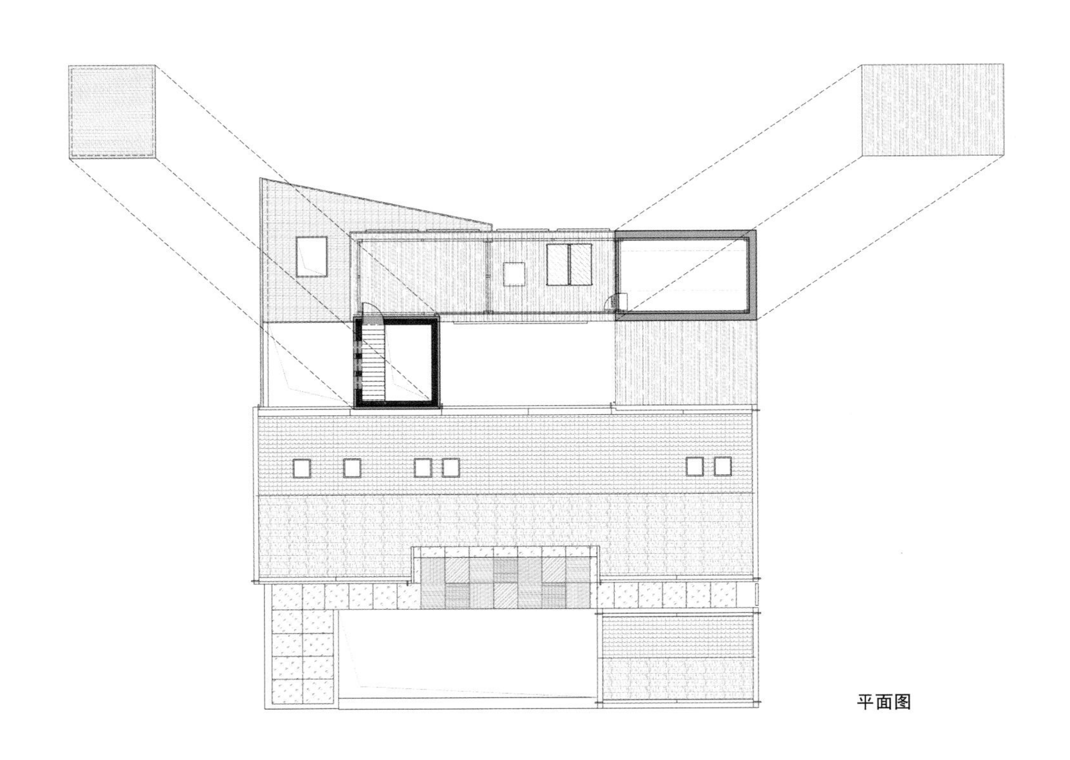

平面图

功能平面

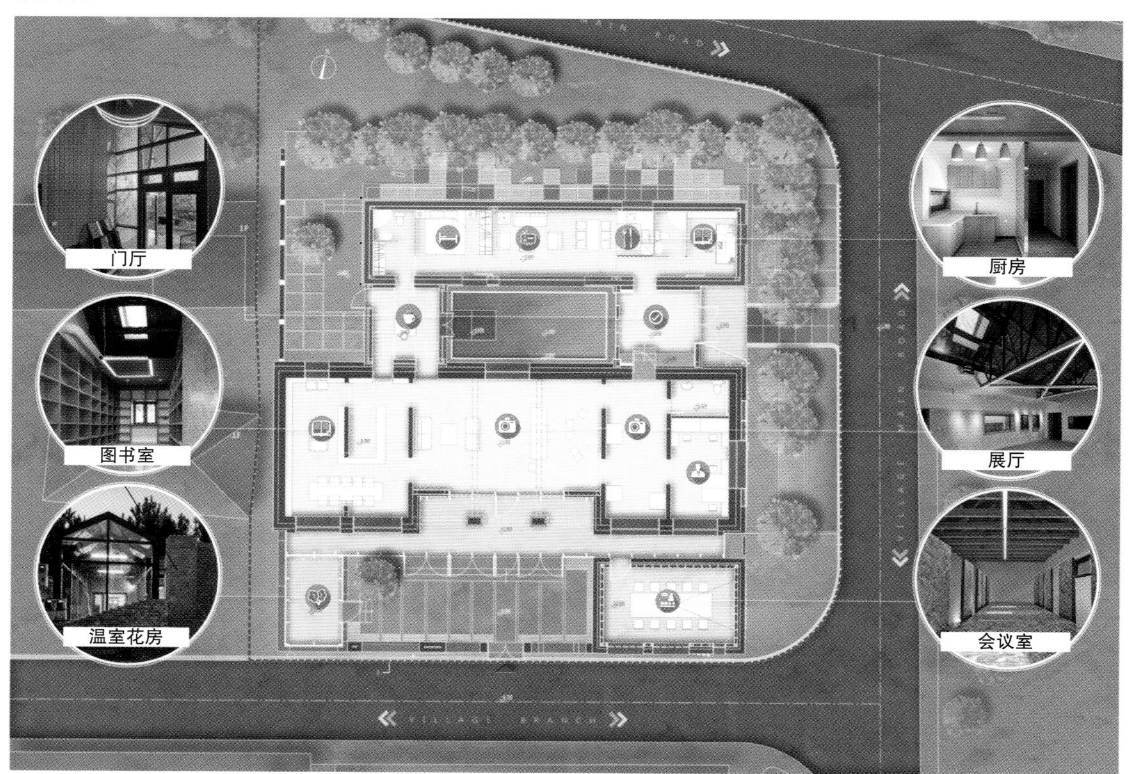

北京延庆乡间居所

——对比中的和谐

地　　址： 北京市延庆区千家店镇大石窑村百里乡居

竣工时间： 2020 年 6 月

设计单位： 萨洋设计 + 在场建筑

设计主创： 萨洋、钟文凯

设计团队： 符永鑫、孙晓倩、荀曜、张利方、王夏茜

建筑面积： 280 平方米

摄　　影： © 在场建筑 2020、© 萨洋设计 2020

拆除与保留

这处风景优美的基地位于一个废弃的山村，中国北方常见的农舍已成废墟。我们决定保留和重修原有四开间中的两间，作为记忆，也作为可以续发新生的根脉。

部分被切断的西侧开间通过拱门向高耸的大厅打开。侧高窗和开放式厨房上方的圆窗带来戏剧性的光线和视野。大厅两侧不对称布置的低矮空间为入口、餐厅、炕和其他辅助功能营造了更为亲切的氛围。

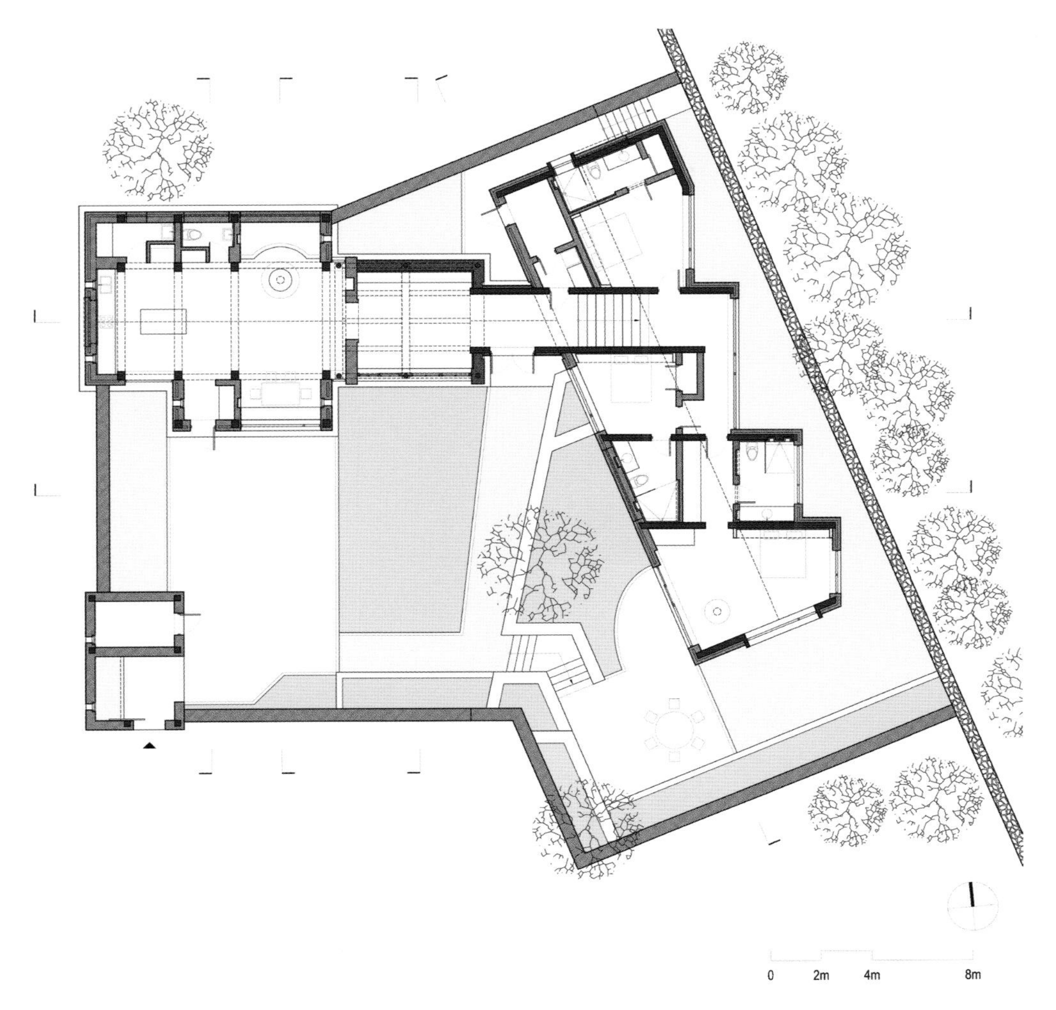

平面图

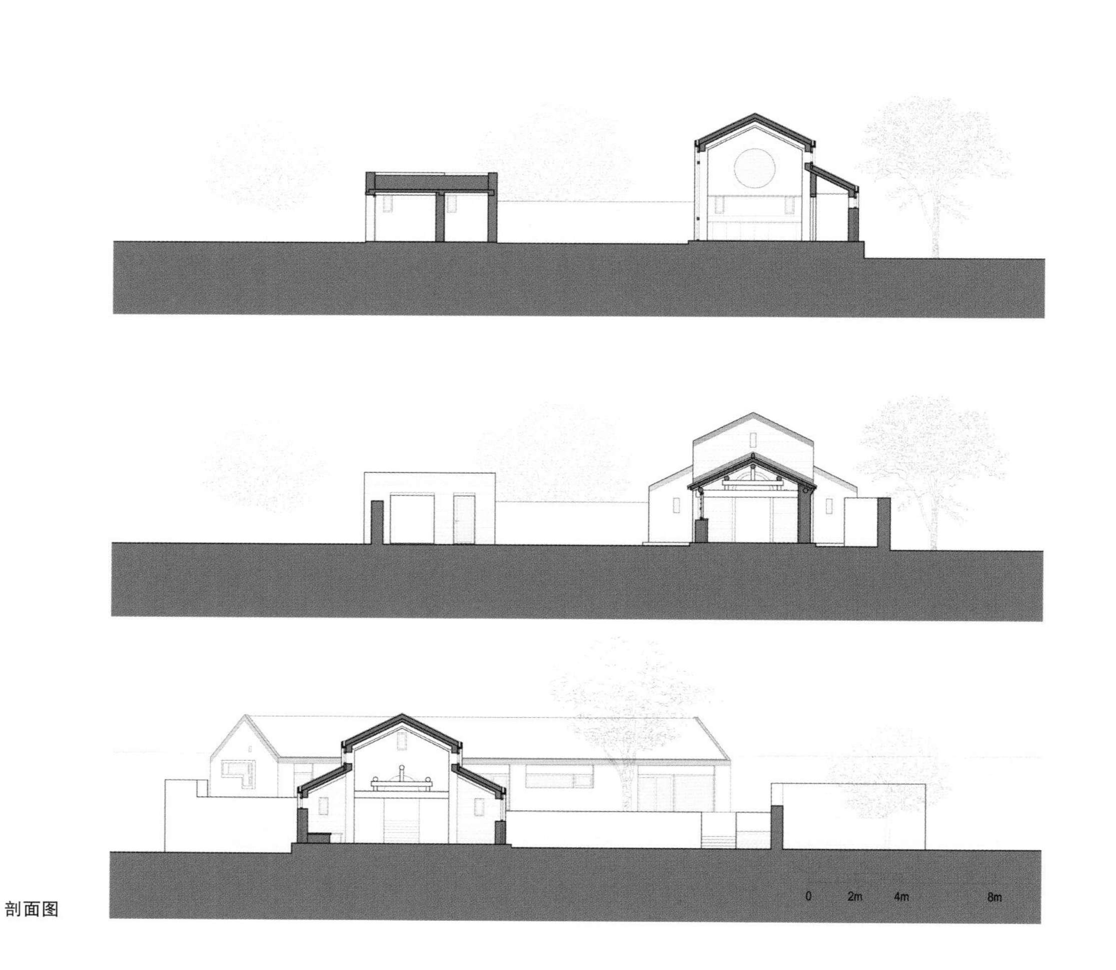

剖面图

新与旧

新旧结构相互咬合。农舍的一列木梁柱构架穿入大厅，立于新建的红砖高墙和混凝土结构之间的空隙里。重建的老房子东山墙也被混凝土结构的廊道穿透，连接基地东面地势较高的卧室侧翼。

起居空间的序列沿轴线展开，卧室区的几何形式则在屋脊线和房间朝向之间形成生动的转角。建筑物隐蔽的东立面呈“之”字形转折，而不平行于山脚的挡土墙，创造私密性的同时也带来出人意料的视野和光线。

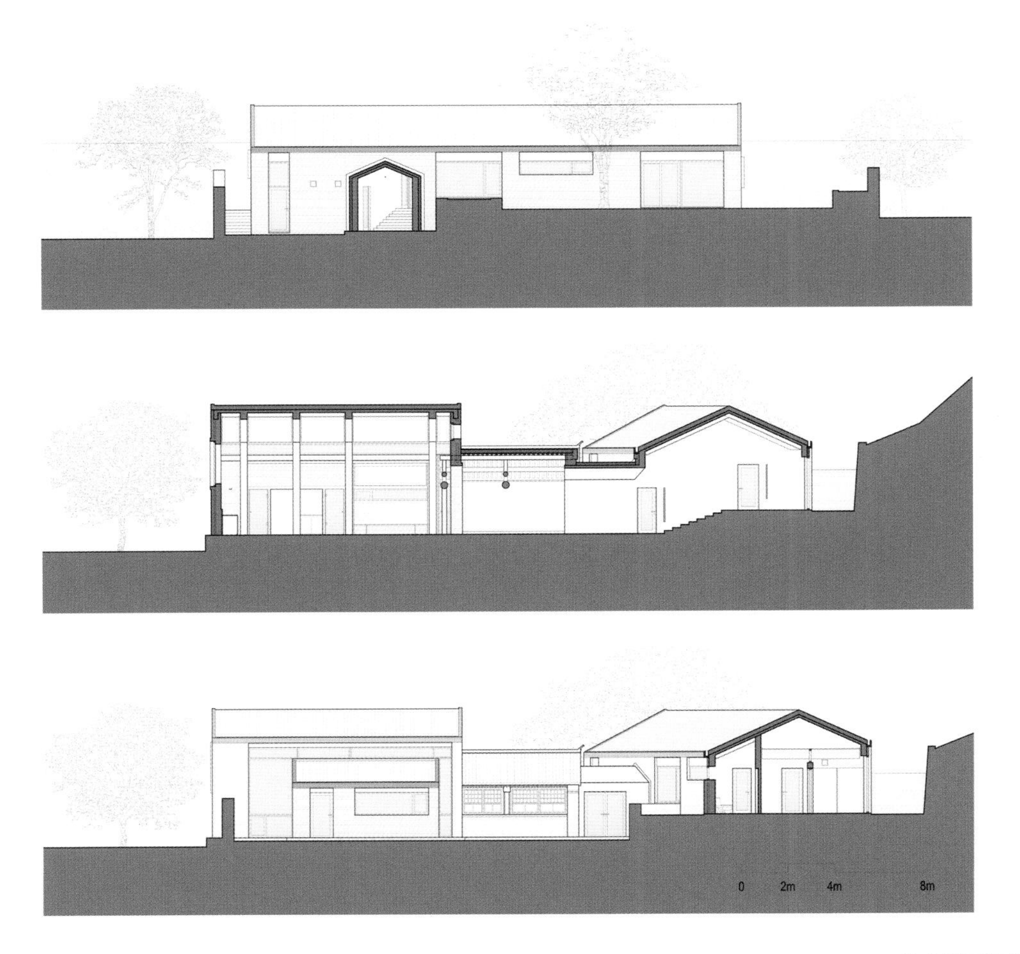

剖面图

对比与反差

除连接的廊道以石板覆盖以外，高低错落的一系列建筑体量都顶着双坡瓦屋面。瓦片来自附近村落里被拆除的农舍，在回收后重新利用。屋顶上简练的金属边框及暗藏檐沟与乡土农舍的挑檐形成对比，木质的檐下板则贯穿新老建筑。

室内材质包括清水混凝土、红砖、黑石板，以当地毛石和白色花岗岩为点缀，松木床龛及悬浮的白色折叠天花形成了工艺上的反差。

主人以多年来悉心收集的家具和个人物件装点了这处居所。再生的农舍是阅读和研习书法的书房，成了他们家的心之所在。

西周李宅

——基于邻里关系的空间安排

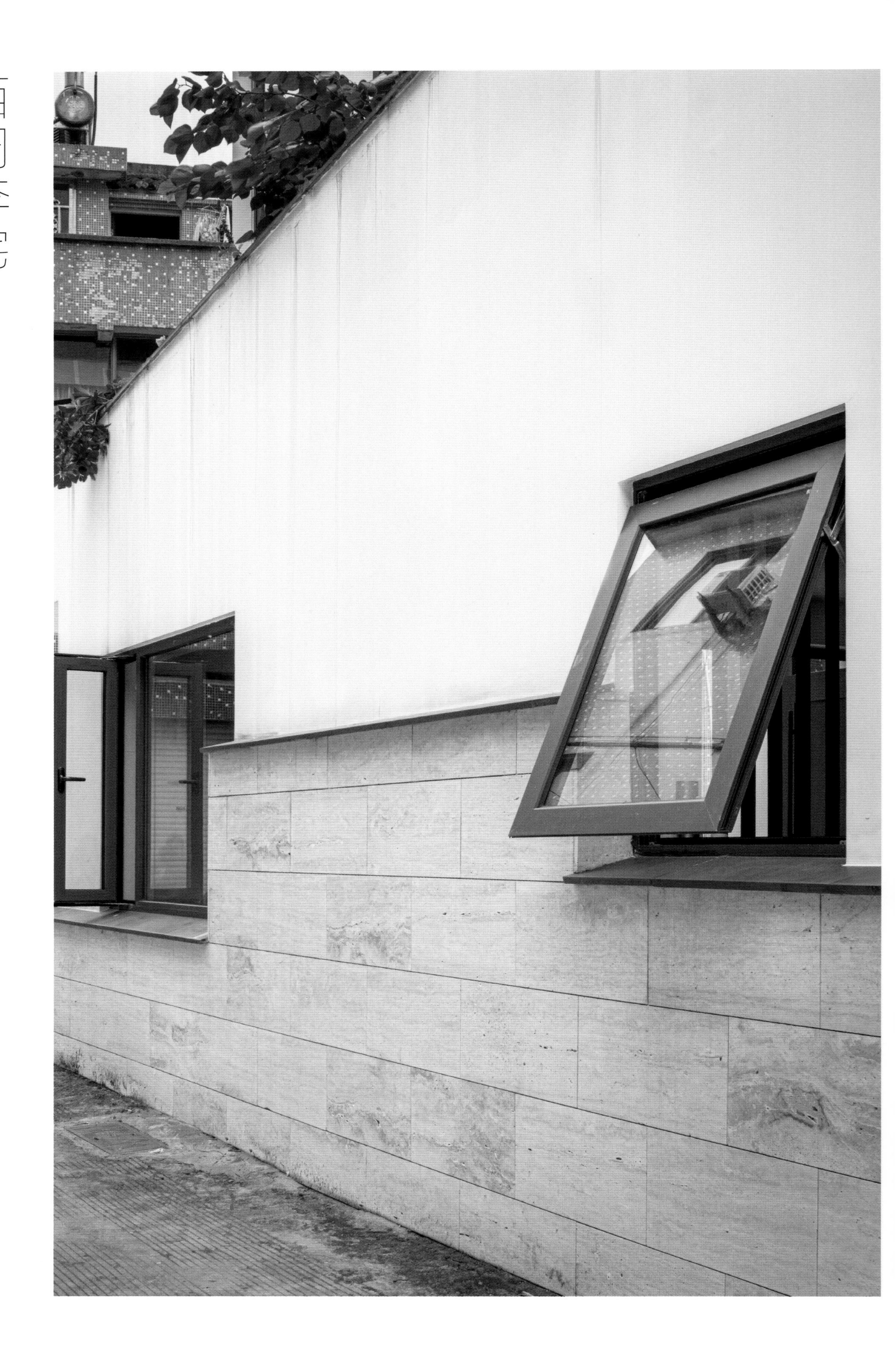

地　　址： 浙江省象山县西周镇西瀛大街 250 号
竣工时间： 2017 年
设计单位： Stuido MOR
设计主创： 李乐
设计团队： 朱敏、朱骁诚、李强
景观设计： 上海爱境景观
建筑面积： 258 平方米
摄　　影： 张岩

基地概况

基地位于西周镇中心主干道上。主干道正巧在基地处有拐弯，形成一个三角地公园，附带一个小型的停车场，因此形成了一个小型活动中心。地块仅东侧有民居相邻，南北为村道，西侧为空地，和邻居围合成一个半院，院内有井，有很多村民在此洗漱。

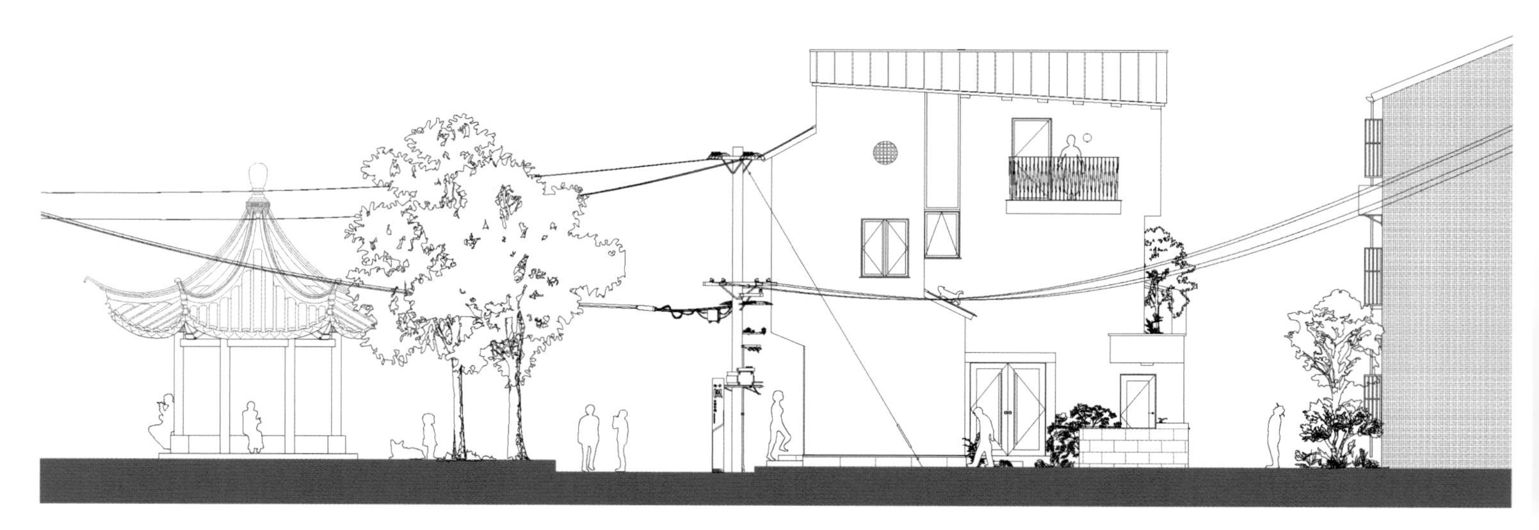

西立面图

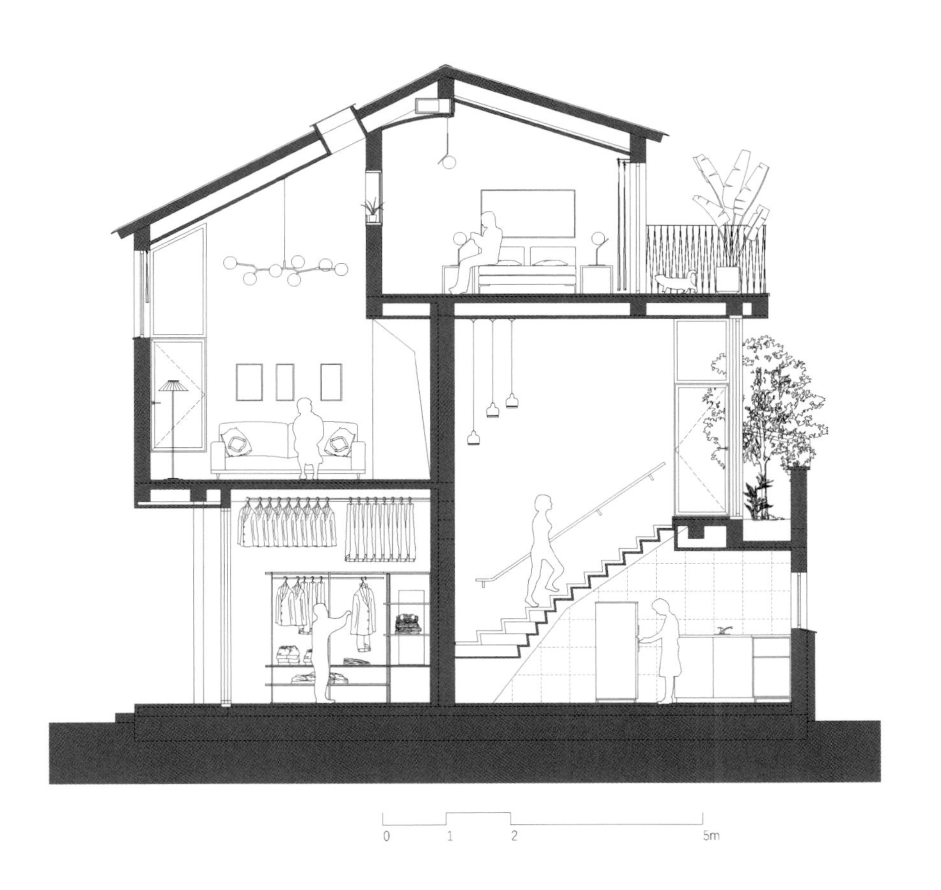

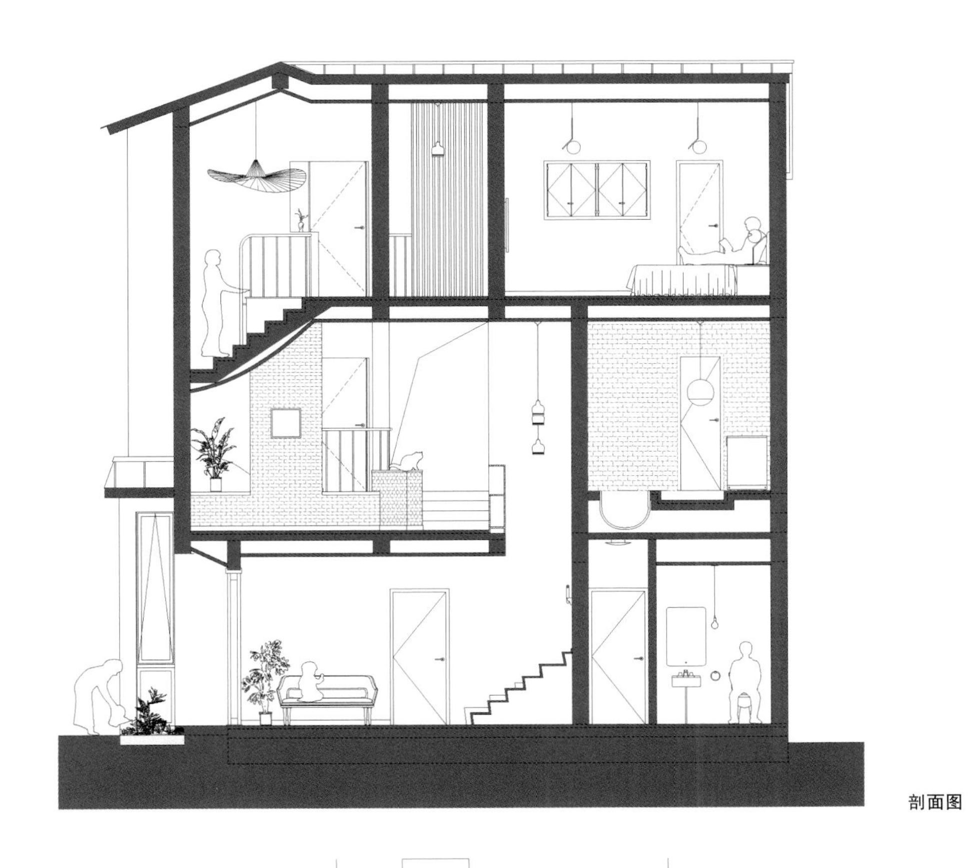

剖面图

空间与功能

一层北侧沿街委托方要求作为干洗店店铺，并在东南配有工作间和卫生间。而将住宅部分的入口朝向了有井的院子，同时按照当地习惯建造了室外的洗菜池。

从街道上看，由于商业需要，北立面为一个比较规整的形态，包括柱廊和带形玻璃窗。而转到西立面以及南立面，由于邻里关系的生活化，都和边界做了一些退让，让花园阳台、檐下灰空间等处在这些界面和邻居的房子产生柔软的互动，也让立面更加碎片化和有机化。

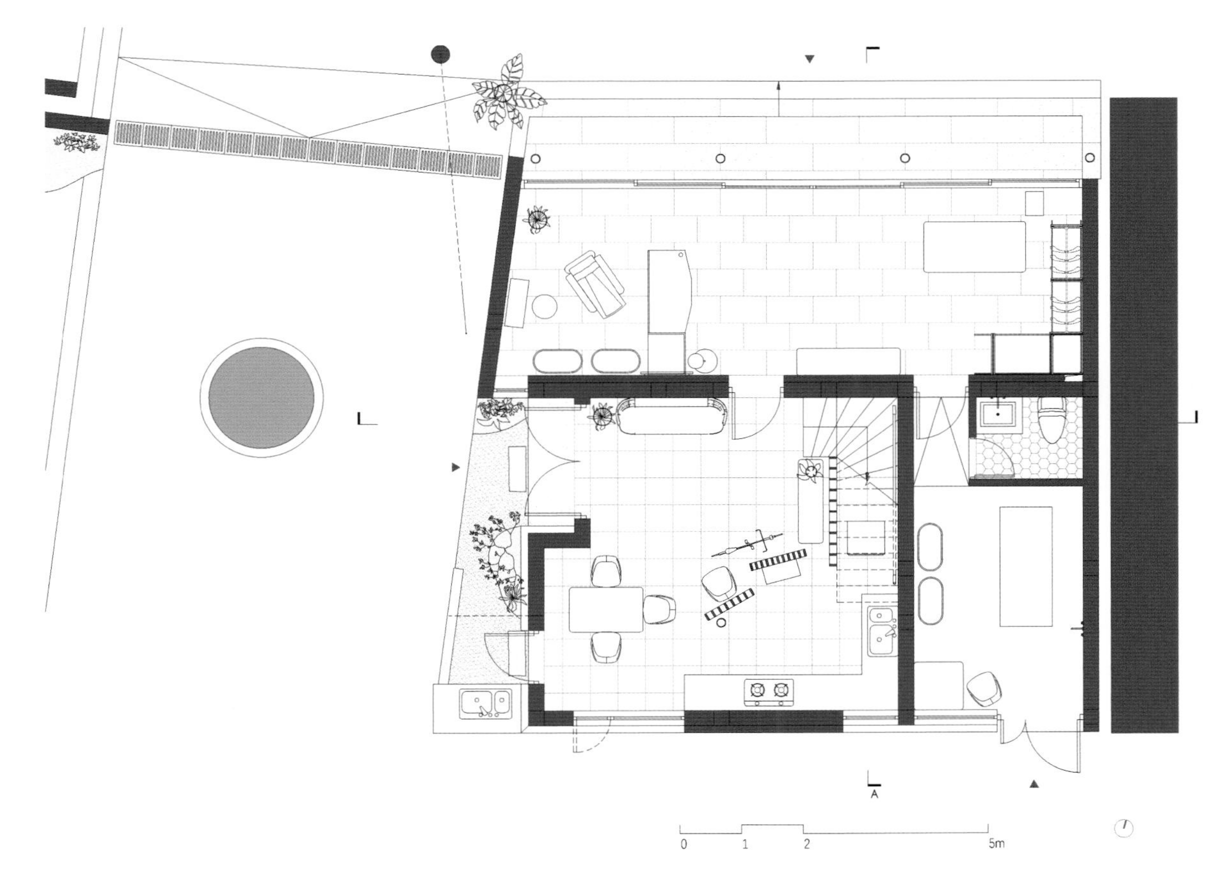

一层平面图

由于村子里居民串门频繁，一楼的餐厅厨房兼具了小型会客功能。沿着楼梯向上，尽量将客厅、茶室、花园等公共空间连通起来，通过一些弱的变化，例如高差的变化、吊顶的变化、弱的遮挡等来暗示空间和功能的变化，而且这些变化在位置上是不重合的。借此形成一个大的“地形”，空间和功能都变得暧昧，人们可以自由找到一个场所来进行活动。来到三层的卧室区域，又变得私密，形成安静的休息空间。

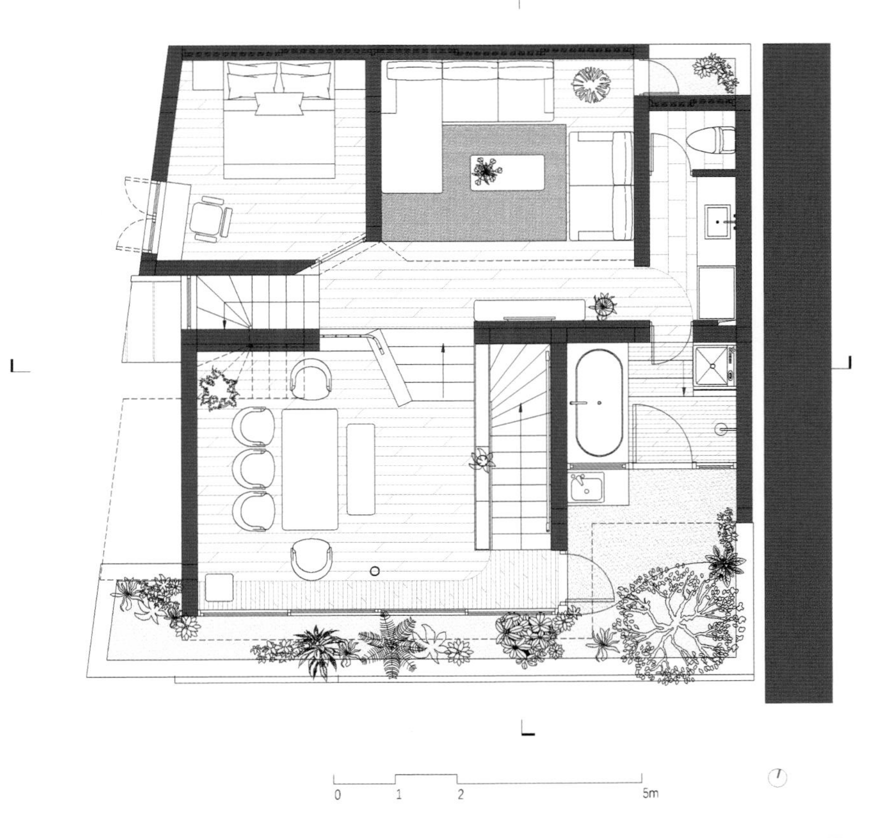

二层平面图

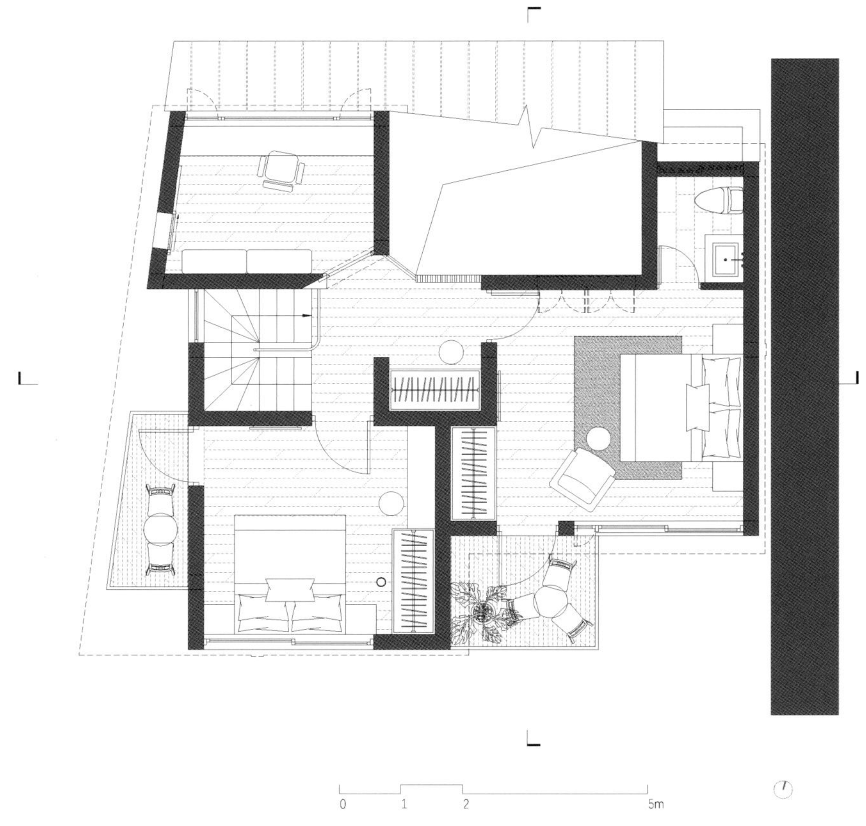

三层平面图

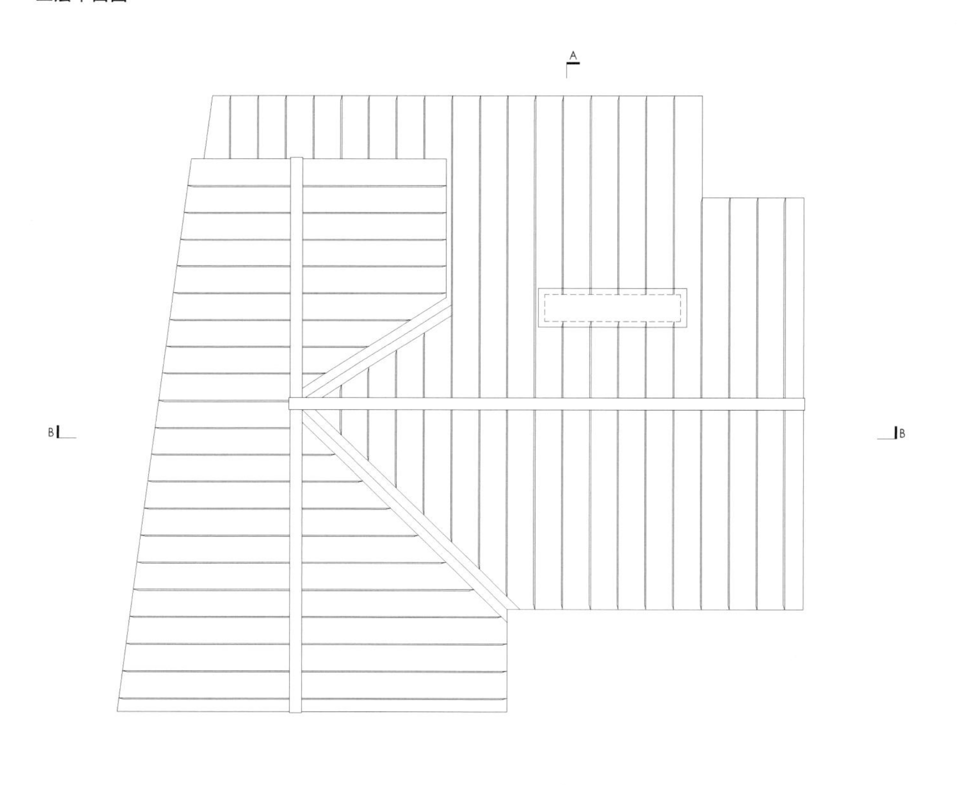

屋顶平面图

材料处理

在材料处理上也是遵循了这样的暧昧规则:涂料墙、清水墙、不同花纹的大理石、可丽耐、亚光和抛光瓷砖、马赛克都是白色的;青石板、金属板、铝材都是深灰色的,但是质感不同;胡桃木、樱桃木、柚木、蚁木、杉木、松木等颜色深度上相近,但色相上又有差别。偶尔闪现的不同形状的铜色物件,例如栏杆、灯具、把手等保证了一种似是而非的状态。

施工人员都是村里的师傅,尽量去用他们熟悉的技艺来保证施工的完成。同时稍做改变,在一个地方运用几种建造方法,以此来产生丰富性。

设计单位列表

城村架构

Frederic Schnee 建筑事务所

佛山市顺德建筑设计院有限公司

佛山市中澜装饰设计有限公司

gad 建筑设计

hyperSity 建筑工作室

合木建筑工作室

江阴市建筑设计研究院

空间进化（北京）建筑设计有限公司

Monoarchi 度向建筑

Stuido MOR

TDH 设计

萨洋设计 + 在场建筑

上海爱境景观

天津市天友建筑设计股份有限公司

氙建筑

香港大学

原榀建筑事务所 |UPA

张雷联合建筑事务所

图书在版编目（CIP）数据

为乡村而设计 ： 中国新民居 / 肖世龙， 金连生，孙文婧著. — 沈阳 ： 辽宁科学技术出版社， 2022.5
ISBN 978-7-5591-1491-4

Ⅰ. ①为… Ⅱ. ①肖… ②金… ③孙… Ⅲ. ①农村住宅—建筑设计—中国 Ⅳ. ① TU241.4

中国版本图书馆 CIP 数据核字（2020）第 016635 号

出版发行：辽宁科学技术出版社
（地址：沈阳市和平区十一纬路 25 号　邮编：110003）
印 刷 者：鹤山雅图仕印刷有限公司
经 销 者：各地新华书店
幅面尺寸：215mm×285mm
印　　张：15
插　　页：4
字　　数：300 千字
出版时间：2022 年 5 月第 1 版
印刷时间：2022 年 5 月第 1 次印刷
责任编辑：杜丙旭 刘翰林
封面设计：何　萍
版式设计：何　萍
责任校对：韩欣桐

书 号：ISBN 978-7-5591-1491-4
定 价：268.00 元

联系电话：024-23284360
邮购热线：024-23284502
http://www.lnkj.com.cn